AF460590

Extrait du *Bulletin de l'Académie internationale de Géographie Botanique*

LES

CAREX DU JAPON

PAR

MM LÉVEILLÉ & EUG. VANIOT

LE MANS

IMPRIMERIE DE L'INSTITUT DE BIBLIOGRAPHIE DE PARIS

—

1902

Extrait du *Bulletin de l'Académie Internationale de Géographie Botanique* (Mars 1901).

LES CAREX DU JAPON

Par MM. H. LÉVEILLÉ et R. P. Eug. VANIOT

Le mémoire que nous nous proposons de publier constituera en quelque sorte une suite aux *Carex de l'Asie orientale* (1) de Franchet. Nous donnerons pour chacun des *Carex* qui nous ont été adressées par l'intrépide collecteur R. P. Urbain Faurie le résultat de nos observations et la diagnose en français en indiquant sommairement les quelques différences inévitables qui distinguent nos échantillons de ceux que le regretté savant a eus sous les yeux. Les espèces nouvelles parmi lesquelles nous pouvons notamment citer dès maintenant *Carex tenuiformis*, *Carex argyrostachys*, *Carex stolonifera*, *Carex Francheliana*, *Carex lepidopristis*, *Carex latinervia*, *Carex Kneuckeriana*, *Carex distichoidea*, correspondant aux n°s 2814, sans n°, 1118. 3738-3739, 1063 et 1625, 2761, 2822 et 2839, 1077, seront l'objet d'une diagnose latine et française. Nous tenons à faire obser-

(1) *Les Carex de l'Asie orientale*. Adr. Franchet. Extrait des *Nouvelles Archives du Muséum d'Histoire naturelle*. Paris. G. Masson éditeur. Tous les exemplaires de cet important mémoire que nous connaissons présentent une regrettable lacune. Il manque un carton de quatre pages (pages 257-260 renfermant les n°s 80-83) soit les *Carex moupinensis* Franchet, *C. spatiosa* Boot, *C. Balansæ* Franchet *C. satsumensis* Franchet et Savatier.

ver tout d'abord qu'il ne faut pas accorder chez les Carex une trop grande importance aux souches fibreuses ou traçantes, ni au plus ou moins grand nombre de nervures des utricules, ce nombre variant ordinairement d'un utricule à l'autre. Autre observation importante : dans les épis femelles les écailles sont d'autant plus acuminées qu'elles sont plus près de la base ; c'est ainsi que les écailles de base peuvent être prolongées en longue pointe alors que celles du sommet sont tout simplement acuminées ou même subobtuses.

Un certain nombre de *Carex* sont extrêmement polymorphes et il est à présumer qu'un jour, répondant aux prévisions de Franchet lui-même, nous aurons à les réunir.

L'étude des *Carex* est véritablement passionnante et c'est avec le plus vif plaisir que nous avons étudié les échantillons recueillis par le R. P. Faurie.

Tous ces échantillons appartenaient à la section des *Holocarex*. Pour indiquer la largeur des feuilles nous userons des expressions suivantes ; capillaires (jusqu'à 1 mm.), étroites (1-3 mm.)., moyennes (3-5 mm.) larges (5-10 mm.), très larges (au-dessus de 10 mm.)

Carex grallatoria Maxim.

Espèce dioïque ; 1-2 épis mâles sur même tige ramifiée, portant parfois à leur base un ou deux utricules. Ecailles de l'épi mâle serrulées.

Racine fibreuse.

Chaume glabre capillaire, de 8 à à 15 centimètres.

Feuilles glabres capillaires, égales au chaume u dépassées par lui.

Stigmates 3 ?

Ecaille : concolore avec l'utricule, quoique plus pâle ; à nervure dorsale grisâtre, terminée en pointe allongée.

Utricule : verdâtre, glabre, strié (environ 12 stries), ovale arrondi, à bec assez long entier.

N° 1602. Nikko, 27 mai 1898 : rochers.

Le *Carex grallatoria* que nous venons de décrire sommairement ne concorde pas absolument avec la description qu'en donne Franchet. Il s'en éloigne notamment par les dimensions de son épi femelle beaucoup plus court et très pauciflore, par ses utricules *parfois* dépassés assez longuement par les écailles même à leur maturité et par ses feuilles nettement glabres, mais scabres. Toutefois nous ne croyons pas qu'on l'en puisse séparer. Le R. P. Faurie, collecteur de ces *Carex*, émet l'opinion que le *Carex grallatoria* et le *Carex heteroclita* sont deux formes d'une même espèce tantôt dioïque tantôt monoïque.

L'étude de ces deux formes mêlées ensemble dans une même part nous a conduit à les différencier nettement et, sauf observation nouvelle et preuve irréfutable tirée de la plante vivante, nous les maintenons, en attendant, comme espèces distinctes.

Carex heteroclita Franch.

Fleurs mâles au sommet de l'épi; écailles mâles d'un rouge couleur de sang.

Racine traçante.

Chaumes glabres, capillaires, nains.

Feuilles pubescentes sur les nervures, à poils épars et clairsemés, capillaires, dépassant un peu les chaumes quand elles sont adultes.

Stigmates 2.

Ecaille : égale à l'utricule ou plus longue, d'un rouge sang ; à nervure dorsale verte, terminée en pointe très courte excepté toutefois chez les écailles inférieures.

Utricule : vert, glabre ou papilleux, très légèrement strié (5-6 stries parfois rougeâtres), subtrigone ovale arrondi, terminé en pointe courte, quelquefois recourbée.

Graine : roussâtre, glabre, lisse, trigone, sessile, en pointe tronquée au sommet.

N° 1602. Nikko; rochers, 27 mai 1898. Mêlé au précédent.

Le Carex heteroclita se distingue du précédent par ses écailles tant mâles que femelles d'un rouge sang.

Nos échantillons diffèrent de la diagnose de Franchet par les feuilles lisses, leurs épis moitié plus courts, leurs utricules glabres à la maturité et papilleux dans leur jeunesse. En outre nous avons vu chez ce Carex des utricules à style bifide.

Carex Biwensis Franch.

Fleurs mâles au sommet de l'épi.

Racine fibreuse.

Chaumes glabres, capillaires, médiocres.

Feuilles glabres, capillaires, plus courtes que les chaumes.

Stigmates 3.

Ecaille : égale à l'utricule, d'un jaune roux, à nervure dorsale plus pâle, terminée en pointe courte.

Utricule : petit, de couleur café, glabre, à 3 fortes stries subailées sur le ventre, lisse sur le dos, subtrigone-arrondi, à bec court plus ou moins bifide.

Graine : d'un gris perle, glabre, lisse, trigone, légèrement stipitée à la base, terminée au sommet en colonne dilatée en forme de disque.

N° 2731. Kamitouge, 13 mai 1899.

Espèce remarquable par ses écailles dont la nervure dorsale est accompagnée de deux pseudo-nervures séparant la nervure dorsale des côtés.

Carex capillacea Boott.

Var. nana Boott.

Fleurs mâles au sommet de l'épi.

Racine traçante.

Chaumes glabres, capillaires, gazonnants, médiocres.

Feuilles glabres, capillaires, plus courtes que les chaumes

Stigmates 3.

Ecaille : un peu plus courte que l'utricule, jaune, à nervure dorsale concolore peu accentuée, terminée en pointe mousse.

Utricule : roux, glabre, strié (environ 10 stries) à 2 stries saillantes subailées sur les côtés, ovale arrondi, atténué en pointe.

Graine : grise, glabre, lisse, trigone, peu stipitée à la base, subarrondie au sommet.

N° 1601. Shirakawa, 6 mai 1898.

La variété *nana* se distingue du type par ses écailles plus courtes que les utricules ou les égalant à peine.

Carex Krameri Franch. et Savat.

Fleurs mâles au sommet de l'épi.

Racine fibreuse.

Chaumes glabres, capillaires, médiocres.

Feuilles glabres, capillaires, plus courtes que les chaumes.

Stigmates 3.

Ecaille : caduque et fugace, rousse, étroite, égalant environ l'utricule en longueur et en largeur, à nervure dorsale concolore peu distincte, terminée en pointe très courte.

Utricule : d'un vert sombre, glabre, tantôt comprimé ovale avec un bourrelet saillant de chaque côté et les faces lisses, tantôt ovale arrondi ailé avec une strie saillante sur la face antérieure et quelques stries à la base, à bec court.

Graine : d'un roux cuivré, glabre, nettement striée (2-3 stries), ovale arrondie comprimée, légèrement stipitée, en pointe mousse au sommet.

N°s 1040 et 2729. Sobosan, 26 juin 1899; Miyokosan, 23 juillet 1898.

Il y aura plus tard lieu de rechercher si les *C. Krameri*, *Onœi* et peut-être *Hakonensis* et *capillacea* ne relèveraient pas d'un même stirpe car ni les diagnoses, ni les figures des planches de Franchet ne semblent s'opposer absolument à la réunion de ces formes affines qui se distinguent uniquement par les écailles plus aiguës chez *Onœi* et *Krameri* et par l'utricule trigone et régulièrement strié chez *Hakonensis*.

L'*Onœi* se différencie du *Krameri* par son utricule plurinervé, à nervures latérales conformes aux autres et à bec étroit, allongé, nettement bifide.

Carex rhizopoda Maxim.

Var. longior Maxim.

Fleurs mâles au sommet de l'épi.

Racine traçante.

Chaumes glabres, grêles, médiocres.

Feuilles glabres, étroites, plus courtes que les chaumes.

Stigmates ?.

Écaille : scarieuse, denticulée, anguleuse ; à nervure dorsale triple, large et verte.

Utricule : vert-jaunâtre, glabre, strié (environ 10 stries), lagéniforme, à bec assez long légèrement bifide.

Graine : gris perle, glabre, lisse, nettement trigone, sessile, en pointe tronquée au sommet.

La variation *longior* se différencie du type par ses feuilles environ moitié plus étroites, ses épis plus allongés et plus lâches et ses écailles lancéolées égalant environ les utricules qui dans le type les dépassent longuement.

N° 1036. Matsushima, 30 juin 1897.

Carex Hakkodensis Franch.

Fleurs mâles au sommet de l'épi.

Bractée de la base de l'épi servant d'écaille à l'utricule inférieur.

Racine traçante et rampante.

Chaumes glabres capillaires, médiocres.

Feuilles glabres étroites, égalant environ les chaumes.

Stigmates 3.

Écaille : rousse, moitié plus courte environ que l'utricule ; à nervure dorsale verte, assez large, terminée en pointe très acuminée.

Utricule : vert taché de roux, finement strié, *pédicellé*, fusiforme, à bec assez long entier.

Graine : blanchâtre, glabre, substriée, trigone, allongée ovale, sessile, surmontée de la base du style persistante et aussi longue que le bec de l'utricule.

N° 1037. Sommet du Hakkoda, 13 août 1897.

Nos échantillons ne concordent pas absolument avec la diagnose que donne Franchet de cette espèce. Ils s'en éloignent par leurs épis plus denses, environ moitié moins longs et par le bec de l'utricule qui ne semble pas obliquement tronqué.

Carex pyrenaica Wahl.

Fleurs mâles au sommet de l'épi.

Racine subtraçante.

Chaumes glabres, grêles, médiocres.

Feuilles glabres, étroites, moins longues que les chaumes.

Stigmates 3.

Ecaille : d'un roux brûlé, égalant environ l'utricule dont elle laisse dépasser un peu le bec, plus ou moins acuminée, à nervure dorsale plus pâle.

Utricule : d'un roux brûlé, glabre, finement strié (environ 12-15 stries), *stipité ;* à bec assez long, légèrement fendu.

Graine : roussâtre, glabre, très visiblement striée (environ 12 stries), ovale arrondie, obscurément trigone, légèrement stipitée, en pointe tronquée au sommet.

N° 1035, Sommet du Ganju, 28 septembre 1898.

La racine du *C. pyrenaica* est fibreuse d'après Reichenbach. Les racines des échantillons du Japon quoique plutôt fibreuses ont une tendance à devenir traçantes. Il n'y a rien d'absolu chez les *Carex* sous ce rapport. On trouve des carex à racines fibreuses devenus traçants dans certains milieux. Toutefois les stolons continuent de constituer un excellent caractère de différenciation.

Carex pterolepta Franch.

Epis composés d'épillets androgynes ; fleurs mâles au sommet.

Racine traçante.

Chaumes glabres, grêles, médiocres.

Feuilles glabres, étroites, égalant environ ou dépassant un peu les chaumes ; bractées inférieures dépassant longuement l'inflorescence.

Stigmates 2 d'après Franchet.

Ecaille : assez grande en longueur et en largeur, semblant envelopper l'utricule, scarieuse, à nervure dorsale jaunâtre acuminée.

Utricule : glabre petit, ovale-allongé, à bec médiocre.

N° 2732. Nagasaki, 5 juin 1899.

Nous rattachons au *C. pterolepta* nos échantillons chez lesquels l'utricule semble lisse et à bec entier, alors qu'il est indiqué par Franchet comme pourvu de nervures nombreuses et d'un bec bifide. Toutefois, comme nos échantillons ont leurs utricules dévorés par une urédinée, il est probable que leur développement n'est pas complet. Le *C. pterolepta* auquel nous les rattachons provisoirement n'a pas jusqu'ici été indiqué au Japon.

Carex neurocarpa Maxim.

Epis composés d'épillets androgynes ; fleurs mâles au sommet. Plante présentant des taches rousses sur ses épillets et ses bractées.

Racine fibreuse.

Chaumes glabres, robustes, très élevés.

Feuilles glabres, étroites, moins longues que les chaumes ; 3 bractées inférieures dépassant très longuement l'inflorescence.

Stigmates 2 d'après Franchet.

Ecaille : égalant environ l'utricule, terminée en pointe brusquement acuminée, à nervure dorsale concolore.

Utricule : roux, glabre, strié (environ 20 stries), arrondi-aplati, très concave à la face interne et très convexe sur sa face externe, bordé de 2 ailes assez larges, à bec médiocre, bifide brusquement rétréci.

Graine : manque par stérilité d'utricule.

N° 1051. Plaine de Kashimadai, 30 juin 1897.

C'est comme port un *C. vulpina* pourvu des bractées d'un *Cyperus longus*.

Carex albata Boott.

Epis composés d'épillets androgynes ; fleurs mâles au sommet.

Racine traçante ou paraissant telle comme dans la var. *nodosa* Lévl. du *muricata*.

Chaumes glabres, grêles, médiocres.

Feuilles glabres, étroites, élargies à la base, égalant ou dépassant les chaumes.

Stigmates 2 d'après Franchet.

Ecaille : plus courte que l'utricule, scarieuse, tantôt acuminée, tantôt simplement aiguë, à nervure dorsale d'un jaune paille.

Utricule : de couleur paille à la base et de couleur brûlée au sommet, glabre, finement strié (de 30-40 stries), ovale, allongé, à peu près plan sur la face interne, convexe sur la face externe, à bec long entier, avec quelques taches rouges.

GRAINE : marron, glabre, lisse, ovale arrondie, très légèrement stipitée, en pointe tronquée au sommet.

N° 1052. Miyokosan, 23 sept. 1897.

Espèce à port d'*Anthoxanthum odoratum.*

Carex stipitata Mühl.

Epis composés d'épillets androgynes ; fleurs mâles au sommet.

RACINE fibreuse.

CHAUMES glabres, robustes, élevés.

FEUILLES glabres, larges, égalant environ les chaumes.

STIGMATES 2 d'après Franchet.

ECAILLE : moins longue que l'utricule ou l'égalant à peine, scarieuse, à nervure dorsale noirâtre acuminée en pointe.

UTRICULE : verdâtre, glabre, strié (15-20 stries assez accentuées), *stipité*, ovale allongé, plan à la face interne, convexe à la face externe, à bec très long, denticulé, entier.

GRAINE : grisâtre, glabre, lisse, arrondie-aplatie, légèrement stipitée, en pointe tronquée au sommet.

N° 1611. Tomakomai, 6 juillet 1898.

Cette espèce rappelle assez le *C. vulpina* comme port.

Carex pseudo-curaica Fr. Schm.

Epis composés d'épillets ordinairement unisexuels. Un épillet mâle au sommet surmontant les épillets femelles placés au-dessous. C'est une forme de transition.

RACINE traçante et très stolonifère, rappelant le *Cynodon dactylon* et le *Carex arenaria*.

CHAUMES glabres, grêles, élevés.

FEUILLES glabres, étroites, plus courtes que les chaumes.

STIGMATES 2.

ECAILLE : jaune paille, à bords étroitement scarieux, à nervure dorsale d'un jaune plus clair, atténuée en pointe plus ou moins aiguë.

UTRICULE : jaune paille, glabre, strié (environ 15 stries), ovale allongé, à bec court entier.

GRAINE : de couleur chocolat, glabre, lisse, ovale allongée, à peine stipitée, en pointe tronquée au sommet.

N° 1619. Sapporo, 7 juillet 1898.

Espèce à port de *C. arenaria*.

Carex arenicola Fr. Schm.

Epis composés d'épillets androgynes, fleurs mâles au sommet.

Racine traçante et stolonifère.

Chaumes glabres, grêles, élevés.

Feuilles glabres, étroites, en gouttière, plus courtes que les chaumes.

Stigmates 2 d'après Franchet.

Ecaille aussi longue que l'utricule, de couleur châtaigne, assez largement scarieuse sur les bords, à nervure dorsale blanchâtre, terminée en pointe aiguë assez courte.

Utricule : jaune paille, glabre, finement strié (environ 10-12 stries), ovale, légèrement ailé en son sommet, terminé en bec court, serrulé et échancré.

Graine : marron, glabre, à 2 côtes, en tronc de cône, légèrement stipitée, en pointe allongée au sommet.

N° 1618. Nara, 10 juin 1898.

Le *C. arenicola* est voisin du *C. pseudo-curaica* dont le rapproche sa graine en particulier.

Espèce à port de *C. arenaria*.

Carex distichoidea Lévl. et Vnt. *sp. nov.* (1).

Epis composés d'épillets androgynes au sommet; mâles au milieu et androgynes à la base.

Racine ?

(1) On trouvera plus loin à leur rang les autres espèces nouvelles dont voici les noms et les numéros : *C. lepidopristis* (1053, 1625 p. p. 2754), *C. malacocarpa* (2750, 2764), *C. acrogyna* (1696, 1707, 2756, 2830), *C. Guffroyana* (1070 p. p.), *C. latinervia* (2761), *C. Gentiliana* Lévl. in Bull. Soc. Ag. Sc. et Arts. de la Sarthe (1116), *C. Franchetiana* (2738, 2739), *C. Kingiana* (2814, 2820), *C. Candolleana* (2787), *C. Engleriana* (1711), *C. Heribaudiana* (1106, 2784, 2785), *C. Wardiana* (2779), *C. argyrostachys* sans n°), *C. stolonifera* (1118), *C. cardioglochis* (2760), *C. tenuiformis* (2814), *C. Vanioti* Lévl. in Bull. Soc Ag. Sc. et Arts. de la Sarthe (1701), *C. pseudo-strigosa* (2805), *C. peniculacea* (2740), *C. flabellata* (1073), *C. Bikneuckeri* (2822, 2839), *C. caulorrhiza* (2755). La plupart de ces espèces sont très distinctes les unes des autres, les *C. Kingiana*, *Candolleana*, *Engleriana*, *Heribaudiana* et *Wardiana* sont affines et forment un groupe à part.

Chaumes glabres, grêles, élevés.

Feuilles glabres, étroites, plus courtes que les chaumes.

Stigmates 2.

Ecaille : assez petite, moins longue que l'utricule, scarieuse, à nervure dorsale acuminée.

Utricule : de couleur paille, glabre, finement strié (30-40 stries), concave à la face interne, convexe à la face externe, ovale allongé, à bec assez long bidenté.

Graine : absente par stérilité de l'utricule.

N° 1077. Asamayama, 27 juillet 1897.

Diagnose latine.

Spicis, spiculis androgynis ad apicem et basim, masculis media spica, constantibus.

Radice........; caule glabro, gracili et excelso, foliis glabris, angustis, caules non æquantibus ; stigmatibus duobus; squama feminea parvâ, utriculum non æquante, cum nervo dorsali acuminato; utriculo glauco, glabro, leviter striato (30-40) ad faciem internam cavato, ad externam autem convexo, ovali producto, ore satis longo bidentato; achœnio propter utriculi sterilitatem non comparente.

Carex loliacea L.

Epis composés d'épillets androgynes.

Racine traçante.

Chaumes glabres, grêles, médiocres.

Feuilles glabres, étroites, dépassant longuement les chaumes.

Stigmates ?

Ecaille : scarieuse, acuminée, à nervure dorsale verdâtre.

Utricule : non développé.

N° 1105. Miyokosan, 23 juillet 1899.

Nous rattachons au *C. loliacea*, nos échantillons malingres sur lesquels nous ne voulons pas baser une espèce nouvelle.

Carex vitilis Fries.

Epis composés d'épillets androgynes; fleurs mâles à la base.

Racine très fibreuse.

Chaumes glabres, nombreux, très grêles, assez élevés.

Feuilles glabres, étroites, plus courtes que les chaumes.

Stigmates ?

Ecaille : égale à l'utricule, scarieuse, acuminée ; à nervure dorsale verdâtre.

Utricule : gris, glabre, strié (environ 15 stries), ovale arrondi, convexe sur la face externe, plan sur la face interne; à bec court, très acuminé et légèrement serrulé.

Graine : de couleur lentille, glabre, lisse, lenticulaire-orbiculaire, aplatie, à peine stipitée, en pointe tronquée au sommet.

N° 1615. Sommet de l'Iwagi, 18 août 1898. Indiquée par le P. Faurie comme rare au Japon.

Il est à remarquer que chez cette espèce les utricules de la base de l'épi sont plus allongés et plus maigres que les supérieurs.

Ressemble à un *remota* très grêle à épillets en chapelet.

Carex nemurensis Franch.

1 Epillet mâle au sommet dominant les épillets femelles placés au-dessous. Forme de transition.

Racine fibreuse.

Chaumes glabres, grêles, élevés.

Feuilles glabres, étroites, moins longues que les chaumes; bractées inférieures quelquefois bien développées.

Stigmates 2 d'après Franchet.

Ecaille : rousse, égalant environ l'utricule et l'embrassant, légèrement scarieuse sur les bords; à nervure dorsale fine, plus foncée.

Utricule : d'un vert jaunâtre, glabre fortement strié (environ 20 stries), ovale arrondi, porté sur un pédicelle enveloppé d'une membrane se fondant avec l'utricule, terminé en pointe courte, aiguë, serrulée.

Graine ; grise, glabre, lisse, légèrement trigone, allongée, sessile, en pointe subobtuse au sommet.

N° 1609. Tomakomaï, 6 juillet 1898.

Espèce à port de *C. remota* ou de *C. elongata*.

Carex vulpinoidea Mich. (*C. calcitrapa* Franch).

Epis composés d'épillets androgynes ou unisexuels.

Racine fibreuse, *velue*.

Chaumes glabres, robustes, triangulaires, très élevés.

Feuilles glabres, moyennes, moins longues que les chaumes; bractées inférieures nulles ou très courtes.

Stigmates 2 d'après Franchet.

Ecaille : moins longue que l'utricule, scarieuse; à nervure dorsale rousse, terminée en pointe mousse.

Utricule : jaune paille, glabre, strié (environ 10 stries), ovale-aplati; à bec médiocre entier.

Graine : de couleur chocolat, glabre, lisse, petite, ovale aplatie, non trigone, sessile, en pointe au sommet.

N° 1610. Sorachi où il est rare, 12 juillet 1898.

Nous réunissons sans hésiter le *C. calcitrapa* Franch. au *C. vulpinoidea* Mich. Nos échantillons tiennent à la fois de l'un et de l'autre. On y trouve les fleurs mâles et au sommet et àla base des épillets. Bien plus, sur le même pied on rencontre des épillets totalement femelles.

Quant au caractère de la racine velue, nous le retenons pour en faire une variété nouvelle que nous appellerons *trichorrhiza.* Il serait intéressant de savoir si ce caractère non signalé jusqu'ici se retrouve fréquemment.

Carex echinata Murr.

(*C. stellulata* Good.).

Epillets androgynes ; fleurs mâles à la base.

Racine fibreuse.

Chaumes glabres, grêles, médiocres.

Feuilles glabres, étroites, plus courtes que les chaumes.

Stigmates 2.

Ecaille : jaune paille, moins longue que l'utricule, assez largement scarieuse au bord ; à nervure dorsale blanchâtre, saillante, terminée en pointe assez aiguë.

Utricule : d'un jaune paille, glabre, lisse, trigone, tronqué franchement à la base ; à bec médiocre entier ou fendu, parfois denticulé.

Graine : marron, glabre, lisse, trigone brièvement stipitée, arrondie au sommet.

N° 1612. Tomakomai, 6 juillet 1898.

Carex Omiana Franch. et Sav.

Epillets androgynes ; fleurs mâles à la base.

Racine traçante.

Chaumes glabres, glauques, grêles, médiocres.

Feuilles glabres, glauques, étroites, plus courtes que les chaumes.

Stigmates 2 d'après Franchet.

Ecaille : rousse, moins large que l'utricule dont elle atteint les deux tiers, atténuée en pointe plus ou moins aiguë ; à nervure dorsale verte, assez large.

Utricule : roux, glabre, strié (environ 15 stries), ovale allongé, concave sur la face interne et convexe sur la face externe; à bec long, légèrement bifide.

Graine : blanchâtre-rosée, glabre, lisse, arrondie-aplatie, sessile, en pointe tronquée au sommet.

N° 1056. Aomori, 15 juin 1897.

Espèce rappelant dans son ensemble le *C. muricata* et par ses utricules le *Davaliana* et le *stellulata*.

Carex planata Franch. et Sav.

4 ou 5 épillets femelles à la base, mâles au sommet, plus 1 épi entièrement mâle, quelquefois peu visible, juxtaposé à l'épi femelle supérieur.

Racine traçante.

Chaumes glabres, grêles, élevés.

Feuilles glabres, glauques, étroites, plus courtes que les chaumes ; bractées dépassant longuement l'inflorescence.

Stigmates ?

Ecaille : plus courte de moitié environ que l'utricule, et plus étroite qu'elle, scarieuse, à nervure dorsale noirâtre, se terminant en pointe assez aiguë.

Utricule : glabre, nervié, large-aplati, ovale, bordé de 2 ailes relativement assez larges, concave à la face interne, convexe à la face externe; à bec *très* court, bifide.

Graine : blanche, glabre, *chagrinée* et obscurément striée, arrondie-aplatie, légèrement stipitée, contractée assez brusquement au sommet en pointe tronquée.

N° 1059. Sendaï, 9 juillet 1898.

Cette plante a le port du *Phalaris canariensis*.

Carex remota L.

Epis composés d'épillets androgynes ; fleurs mâles à la base.

Racine fibreuse.

Chaumes glabres, grêles, élevés.

Feuilles glabres, étroites, égalant environ les chaumes ; bractées dépassant souvent l'inflorescence.

Stigmates 2.

Ecaille : blanchâtre ou légèrement jaunâtre, paraissant envelopper l'utricule, terminée en longue pointe ; nervure dorsale verdâtre, encadrée de quelques stries latérales.

Utricule : vert-grisâtre, glabre, finement strié (environ 20 stries), avec quelques stries plus fortes au sommet, ovale-très allongé, étroit, plan à la face interne et convexe à la face externe; à bec long, serrulé, obscurément bifide.

Graine : rousse, glabre, lisse, ovale allongée, obscurément trigone, légèrement stipitée, en pointe tronquée au sommet.

N° 1617. Sorachi, 6 juillet 1898.

Carex alta Boott.

Var. gymnocarpa, *var. nov.*

Epis composés d'épillets androgynes ; fleurs mâles à la base.

Racine traçante.

Chaumes glabres, assez robustes, élevés.

Feuilles glabres, étroites, plus courtes que les chaumes; bractées dépassant très longuement (surtout les inférieures) l'inflorescence.

Stigmates 2.

Ecaille : scarieuse, à nervure dorsale verte, terminée en pointe plus ou moins allongée.

Utricule : vert-blanchâtre, glabre, strié (3-4 stries), ovale, bordé, très allongé ; à bec long, légèrement échancré.

Graine : blanchâtre, glabre, lisse, aplatie, ovale, acuminée aux deux extrémités.

N° 1061. Matsushima, 30 juin 1897.

Cette variété se distingue du type et de la var. *Rochebruni* Franch. et Savat. en ce que ses utricules ne sont nullement ciliés. Elle se différencie en outre de la var. *Rochebruni* en ce que ses utricules sont nettement bordés.

Cette variété et la suivante rappellent un peu le *C. canescens*.

Var. brevior, *var. nov.*

Ecaille : jaune verdâtre, moins longue d'un tiers environ que l'utricule ; à nervure dorsale saillante, noirâtre, terminée en pointe plus ou moins allongée.

Utricule : jaune paille, glabre, muni à la base de quelques stries (5-6) atteignant presque la moitié de l'utricule, en losange, subailé; à bec médiocre peu fendu.

Graine : blanc-rosé, glabre, lisse, ovale-arrondie, à peine stipitée, terminée en pointe, s'élargissant en disque au sommet.

Cette variété se différencie de la précédente par son fruit plus largement bordé et par son port moins élevé et plus grêle, caractère qui la différencie du type dont elle s'écarte en outre par l'absence de cils sur ses utricules vaguement serrulés.

N° 2734. Yokosuka, 5 mai 1899.

Carex gibba Wahlenb.

Epis composés d'épillets androgynes, fleurs mâles à la base *et quelquefois au sommet.*

Racine fibreuse.

Chaumes glabres, grêles, très élevés.

Feuilles glabres, moyennes, égalant environ les chaumes ; bractées de chaque épillet dépassant très longuement l'inflorescence.

Stigmates 2.

Ecaille : plus courte que l'utricule ; verte, scarieuse aux bords, à nervure dorsale double ou triple se terminant en pointe plus ou moins allongée atteignant quelquefois deux fois la longueur de l'écaille.

Utricule : vert, glabre, lisse, ovale-arrondi, *gibbeux*, bordé de 2 ailes médiocres, terminé en pointe anguleuse, sans bec.

Graine : blanchâtre, obscurément striée et papilleuse, *gibbeuse*, arrondie, subtrigone, à peine stipitée, en pointe au sommet.

N° 1058. Sendai, 30 juillet 1897.

Espèce rappelant par son inflorescence notre *Carex remota*.

Carex macrocephala Willd.

Espèce dioïque à épis *très gros*.

Racine traçante, noueuse, souche garnie de fibrilles noirâtres provenant d'anciennes feuilles.

Chaumes glabres, d'un jaune d'osier, très robustes, triangulaires, très courts.

Feuilles glabres, d'un jaune d'osier, larges, dépassant longuement les chaumes ; bractée de chaque épi femelle large à la base, à stries fortes et nombreuses s'atténuant en pointe allongée et fortement barbelée.

Stigmates : 3 d'après Franchet.

Ecaille : couleur d'osier, très grande, cachant entièrement l'utricule, sans nervure dorsale, finement striée (environ 15 stries), à très longue pointe.

Utricule : noir, glabre, à stries fines et nombreuses (30-40), très gros, lagéniforme; à bec assez allongé, entier.

Graine : grise, glabre, lisse, grosse, trigone, en virgule, sessile, paraissant soudée à l'utricule, avec deux faces subconcaves et une face fortement convexe, égale en surface aux deux autres ; en pointe au sommet.

N° 1050. Aomori (pieds mâles). 18 juin 1897. — N° 1620. Shidzuoka (pied femelle), juin 1898.

Espèce absolument tranchée n'offrant rien de comparable dans le genre Carex.

Carex satsumensis Franch et Savat (1).

(*C. Nikkoensis* Franch. et Savat.)

Epis composés d'épillets androgynes; fleurs mâles au sommet.

Racine tracante, *stolonifère*.

Chaumes glabres, nains.

Feuilles glabres, moyennes, dépassant nettement les chaumes.

Stigmates 3.

Ecaille : blanchâtre, enveloppant l'utricule; très longue, acuminée, lisse, sans nervure apparente,

Utricule : verdâtre à la base, noirâtre au sommet, glabre, lisse, trigone allongé; à bec très allongé.

N° 1622. Nikko, 27 mai 1898.

L'épi de ce Carex rappelle de loin l'épi du *C. paniculata*, mais sa taille naine l'en distingue très facilement.

Carex stupenda Lévl. et Vnt. *sp. nov.*

Epis distincts, le supérieur mâle; 1 épi mâle ovale allongé fauve; 2 épis femelles dans leur moitié inférieure.

Racine fibreuse traçante; souche garnie de fibrilles noires de 3-4 cent. de long, semblables à des cheveux.

Chaumes glabres, scabres sur les angles, très trigones, robustes, élevés.

Feuilles glabres, très scabres sur la carène et les côtés, nombreuses, larges à la base, s'atténuant au sommet ou même se décomposant en filaments étroits, égalant environ les chaumes; bractées longuement vaginantes; plus courtes que l'inflorescence.

Stigmates 3.

Écaille: d'un jaune paille aussi large et plus longue que l'u-

(1). Nous disions dans une note précédente que tous les exemplaires à nous connus étaient incomplets. Nous avons appris depuis de source certaine que tous les exemplaires sans exception des *Carex de l'Asie orientale* (tirage à part) présentent la même lacune. Aussi ce *Carex* ne figure pas dans le volume que nous possédons.

tricule; à nervure dorsale plus sombre s'allongeant en arête au moins aussi longue que l'écaille elle-même.

Utricule : de couleur paille, glabre, très légèrement ridé ovale-subtrigone; à bec très long, très serrulé et profondément bifide à divisions divergentes.

N°4383. Ile de Kiushu, sur le littoral près de Kagoshima, juillet 1900.

Diagnose latine.

Radice repente; rhizomate ad collum fibrillis nigris prædito; culmis trigonis, scabris, robustis, elatis; foliis scaberrimis, densis, ad basim dilatatis sensim attenuatis ad apicem et in filamenta angusta sæpe divisis, culmos fere æquantibus; bracteis longe vaginantibus, inflorescentia brevioribus; stigmatibus tribus; squama flavescente, utriculum æquante latitudine, illoque longiore, cum nervo obscuro in aristam squamam æquantem desinente; utriculo viridescente, glabro, leviter substriato, ovali subtrigono; ore longissimo, valide serrulato, bifido.

Carex Nambuensis Franch.

Épis distincts, le supérieur mâle; 1 épi mâle fusiforme marron; 3-5 épis, femelles seulement dans le tiers inférieur, de couleur marron, les inférieurs longuement pédonculés, à pédoncules grêles.

Racine traçante stolonifère.

Chaumes glabres, grêles, assez élevés.

Feuilles glabres, scabres, moyennes, fortement striées, moins longues que les chaumes; bractées longuement vaginantes, à limbe court liguliforme, bordé de roux.

Nous n'avons pu voir ni les stigmates, ni les écailles, ni les utricules, ni les graines, nos échantillons ayant perdu tous leurs fruits.

N° 4386. Ile de Shikoku dans les lieux rocailleux des montagnes, juillet 1900.

Carex cernua Boott.

Epis distincts, le supérieur mâle; 1 épi mâle assez grêle,

ordinairement assez allongé, souvent plus ou moins longuement femelle au sommet; 2-6 épis femelles assez allongés, rapprochés, tous pédonculés et rapprochés de l'épi mâle, grâce à leurs pédoncules.

Racine traçante.

Chaumes glabres, grêles ou robustes, médiocres ou élevés, trigones.

Feuilles glabres, larges ou étroites, moins longues que les chaumes que les caulinaires dépassent pourtant parfois; bractées dépassant l'inflorescence.

Stigmates 2 d'après Franchet.

Écaille : scarieuse ou d'un jaune très pâle, le plus souvent étroite, ne dépassant pas l'utricule et ordinairement plus courte, parfois striée ou tachée de rouge sur les côtés, à nervure dorsale concolore ou d'un gris verdâtre acuminée en pointe courte.

Utricule : roux, glabre, strié (de 3 à 10 stries), ovale arrondi aplati, à bec court entier.

Graine : jaune, rousse ou marron, glabre, lisse, lenticulaire, sessile, en pointe tronquée au sommet.

N°s 1066, 1623, 2746 et une part sans n°. — Aomori, 23 juillet 1897; Kamitsuge, 13 mai 1899; Otaru, 8 juillet 1898.

N°s 4376 et 4379. Ile de Shikoku, bords des canaux ou lieux herbeux, près de Tokushima, juin 1900; 4381, île de Nippon, près de Tokiyo, mai 1900.

Espèce à inflorescence présentant un *vague* faciès de *C. pseudo-cyperus*.

Il est bien entendu que l'indication du faciès général dont nous faisons suivre nos descriptions, n'a d'autre but que de faciliter les recherches et de concrétiser l'idée que l'on peut se faire de la plante. Il ne faut pas y voir un rapprochement d'espèce.

Il n'y a pas lieu de distinguer du *cernua* le *C. Shimidzensis* Franch. qui n'est qu'une forme à épis fastigiés, courtement pédonculés et dont l'épi mâle est homogène, c'est-à-dire complètement mâle.

Var. oligostachys. 2-3 épis femelles et utricules sur 8 rangs; feuilles glauques dépassant les chaumes.

Var. lasiorrhiza. Racine tomenteuse.

Carex lepidopristis Lévl. et Vnt. *sp. nov.*

Épis distincts, le supérieur mâle ; 1 épi mâle, grêle, quelquefois femelle en son milieu, paraissant au milieu des femelles et souvent à peine plus long qu'eux ; 2-4 épis femelles denses, ordinairement pédonculés (parfois subsessiles, excepté l'inférieur, alors écarté et très pédonculé), à utricules paraissant imbriqués, parfois mâles au sommet.

Racine traçante.

Chaumes glabres, grêles, trigones, élevés ou très élevés.

Feuilles glabres, étroites ou moyennes, moins longues que les chaumes ou les égalant environ ; bractées dépassant longuement l'inflorescence.

Stigmates ? Base du style dilatée.

Ecaille : verdâtre, rousse ou marron, plus étroite que l'utricule qu'elle ne dépasse pas en longueur ; à nervure dorsale verte, assez large, se terminant en pointe allongée quelquefois très longue, *barbelée*.

Utricule : roux ou marron, parfois rougeâtre à la base et alors noirâtre dans sa moitié supérieure, papilleux, strié (3-12 stries) surtout au sommet, ovale-arrondi, aplati, *marginé-bordé* ; à bec très court entier.

Graine : blanchâtre, jaunâtre ou de couleur chocolat, glabre, lisse, parfois excoriée, aplatie, légèrement bordée, sessile, arrondie au sommet.

N°s 1063, 1625 et 2754.— Plaine de Kashimada, 10 juillet 1897, Sorachi, 12 juillet 1898 ; Kujusan, 28 juin 1899.

Espèce voisine des *C. cernua* et *phacota* à facies inconnu chez nos espèces européennes.

Le *C. lepidopristis,* tel que nous le concevons, est facile à reconnaître à la seule inspection de l'épi femelle par les nervures vertes, accentuées et prolongées en pointe barbelée de ses écailles. Toutefois ces caractères qui le distinguent des autres espèces lui sont communs avec le *C. phacota* dont il se différencie par ses utricules non ponctués, ses graines glabres et lisses et ses feuilles beaucoup plus courtes.

Diagnose latine.

2-5 spicis, superiore mascula gracili, haud raro partim feminea; fœmineis apice sæpe masculis; radice repente: culmis gracilibus erectis et altis; foliis angustis culmos æquantibus aut illis brevioribus; bracteis inflorescentiam superantibus; stylo ad basim dilatato; squama colore viridi aut brunneo angustiore quam utriculus nec illum superante, cum nervo viridi in aristam longam et serrulatam desinente; utriculo fulvo aut brunneo, papilloso, et præsertim ad apicem striato, ovato-rotundato, compresso et alato, ore brevi et integro; semine albo aut flavo necnon castaneo, glabro, levi, compresso et alato, sessili et ad apicem rotundato.

Carex phacota Spreng.

(*C. cincta* Franch. in Bull. Soc. philom.)

Epis distincts, le supérieur mâle; 1 épi mâle grêle allongé pédonculé; 3 épis femelles espacés, pédonculés.

Racine traçante.

Chaumes glabres, trigones, médiocres.

Feuilles glabres, moyennes et bien plus longues que les chaumes; bractées dépassant, souvent longuement, l'inflorescence.

Stigmates 2 d'après Franchet.

Ecaille: concolore avec l'utricule moins longue et moins large que lui; à nervure dorsale d'un vert foncé, large, terminée en pointe plus ou moins allongée et barbelée.

Utricule: petit, *ponctué*-papilleux, strié (4-5 stries), *très légèrement bordé*; à bec court, plus long cependant que dans le *C. lepidopristis.*

Graine: d'un blanc rosé, *veloutée papilleuse*, lisse, sessile, en pointe tronquée au sommet.

N° 1625. Sorachi, 12 juillet 1898. Mêlé à *C. lepidopristis.*

Espèce présentant quelque chose du faciès du *C. silvatica.*

Carex dimorpholepis Steud.

Epis distincts, hermaphrodites; 5 épis tous femelles au sommet et tous pédonculés.

Racine ?

Chaumes glabres, robustes, trigones, très élevés.

Feuilles glabres, moyennes, moins longues que les chaumes; bractées dépassant extrêmement l'inflorescence.

Stigmates ?

Ecaille : (celle de la base) jaune étroite, courte, brusquement contractée en une longue pointe barbelée — (celle du sommet), d'un jaune clair, transparente, plus large, striée; à nervure dorsale un peu brunâtre brusquement contractée en pointe courte.

Utricule : de couleur rouille, glabre et lisse, ovale arrondi, aplati en forme de samare; à bec très court.

Graine : de couleur chocolat foncé, lenticulaire, légèrement stipitée, terminée en bec bilobé.

N° 1627. Shidzuoka. 13 juin 1898.

Espèce voisine du *C. phacota*, à facies spécial.

Carex malacocarpa Lévl. et Vnt. *sp. nov.*

Epis distincts, le supérieur mâle ; 1 épi mâle petit ou maigre souvent inférieur au premier épi femelle ; 2 épis femelles longuement pédonculés notamment l'inférieur.

Racine traçante.

Chaumes glabres, grêles, médiocres.

Feuilles glabres, étroites, moins longues que les chaumes ; bractées dépassant l'inflorescence.

Stigmates ?

Ecaille : concolore à l'utricule, légèrement scarieuse sur les côtés, très étroite, de moitié environ plus courte et plus étroite que l'utricule ; à nervure dorsale, verdâtre, terminée en pointe mousse ou acuminée.

Utricule : jaunâtre ou d'un vert paille, *velu*, assez fortement strié (environ 12 stries), arrondi-trigone; à bec court, entier.

Graine : blanche ou blanchâtre, glabre, lisse, trigone, ne remplissant pas l'utricule, légèrement stipitée, surmontée au sommet d'une sorte de houppe résultant de la dilatation de la base du style.

Nos 2750, 2764. Tottori, 22 mai 1899 ; n° 4377, île Shikoku, lieux herbeux près de Tokushima, juin 1900.

Espèce à faciès de *C. vulgaris* Fries.

Diagnose latine.

2-3 spicis, superiore mascula debili, sæpe de basi femineae superioris enascente ; femineis pedunculatis ; caule repente ; culmis gracilibus altitudine mediocribus ; foliis angustis, culmos non æquantibus ; bracteis inflorescentiam superantibus ; squama eodem colore ac utriculus, margine leviter hyalina, angustissima, breviore et angustiore quam utriculus, cum nervo viridi obtuso vel acuminato ; utriculo flavo vel viridescente, villoso, striato, rotundato trigono, ore brevi et integro ; semine albo, glabro, levi, trigono, stipitato, nec utriculum replente, basi styli dilatata ad apicem desinente.

Carex acrogyna Lévl. et Vnt. *sp. nov.*

Epis distincts, le supérieur mâle ; 1 épi mâle, très maigre dépassé par les épis femelles (au moins par l'épi femelle supérieur) qui l'entourent, parfois terminé par des utricules ; 2-6 épis femelles écartés, plus ou moins pédonculés, rarement sessiles.

Racine fibreuse.

Chaumes glabres, grêles, très élevés.

Feuilles glabres, étroites, moins longues que les chaumes : bractées dépassant l'inflorescence.

Stigmates 3.

Ecaille : persistante, d'un jaune clair, tantôt étroite et de moitié plus courte que le corps de l'utricule, tantôt égalant l'utricule, souvent transparente, lisse ou légèrement striée ; à nervure dorsale, blanchâtre, jaune, brune ou noirâtre se terminant en pointe tantôt mousse, tantôt aiguë.

Utricule : d'un roussâtre foncé allant jusqu'au noir, glabre, parfois ponctué, strié, plus ou moins fortement (3-20 stries), trigone pyriforme ; à bec tantôt peu distinct, épais, tantôt assez allongé, entier ou bifide.

Graine : rousse ou noire, glabre, lisse, trigone, à angles parfois saillants faisant alors paraître les faces concaves ; brièvement stipitée, en pointe tronquée et semblant parfois bifide au sommet.

Nos 1696, 1707, 2756, 2830. Tsu, 19 juin 1898 ; Nara, 18 juin 1898 et 16 mai 1899, Riishiri, 25 juillet 1899.

Espèce à faciès d'ailleurs très vague de *C. strigosa.*

Diagnose latine.

2-7 spicis, superiore mascula gracillima femineis superata, haud raro ad apicem feminea ; femineis distantibus pedunculatis, raro sessilibus ; radice cespitosa ; culmis gracilibus altissimis ; foliis angustis, culmos non æquantibus ; bracteis inflorescentiam superantibus ; stigmatibus tribus ; squama marcescente, flava, utriculum non superante, sæpe translucida, cum nervo albescente vel flavo vel nigrescente plus minusve acuminato ; utriculo fulvo vel nigrescente, glabro, striato et interdum punctato, trigono pyriformi, ore tum crasso integro nec distincto, tum producto et bifido ; semine fulvo vel atrato, glabro, levi, trigono, breviter stipitato, ad apicem aliquando bidentato.

Carex incisa Boott.

Epis distincts, le supérieur mâle ; 1 épi mâle, femelle en son sommet ou en son milieu ; 3-4 épis femelles grêles, allongés, pédonculés.

Racine traçante.

Chaumes glabres, grêles, médiocres.

Feuilles glabres, moyennes, un peu moins longues que les chaumes ; bractées plus courtes que l'inflorescence.

Stigmates 3.

Ecaille : hyaline, rose latéralement, large, plus longue que l'utricule, à nervure dorsale plus sombre se terminant en une pointe courte mais détachée de l'écaille.

Utricule : jaune, glabre, lisse, *stipité*, fusiforme ; à bec très court, entier.

Graine : rousse, glabre, lisse, arrondie, aplatie, stipitée, arrondie au sommet.

N° 1069. Onikobe, 13 juillet 1897.

Espèce ayant par son inflorescence le faciès du *C. strigosa.*

Carex Guffroyana Lévl. et Vnt *sp. nov.*

Epis distincts, hermaphrodites ; 7-8 épis femelles, mâles au sommet, allongés, pédonculés.

Racines ?

Chaumes glabres, assez robustes, élevés, trigones.

Feuilles glabres, moyennes, presque aussi longues que les chaumes ; bractées dépassant très longuement l'inflorescence.

Stigmates ?

Ecaille : d'un jaune paille clair, transparente, un peu plus courte que l'utricule ; à nervure dorsale un peu sombre, terminée en pointe courte.

Utricule : glabre, lisse, très petit, ovale-arrondi ; à bec très court entier.

Graine : noire, glabre, lisse, aplatie sublenticulaire, stipitée, en pointe mousse au sommet.

N° 1070. Asamayama, 20 juillet 1897. Mêlé à *C. Kiotensis* Espèce à faciès de *C. acuta.*

Diagnose latine

Spicis 7-8, omnibus parte superiore masculis, elongatis, pedunculatis ; culmis sat robustis, elatis ; foliis fere culmos aequantibus, mediocribus ; bracteis longe inflorescentiam superantibus ; squama flavescente, translucida, utriculum non æquante, cum nervo obscuro, breviter acuminato ; utriculo glabro, levi, minimo, ovali rotundato ; ore brevissimo integro ; semine nigro, glabro, levi, compresso et lenticulari, stipitato, ad apicem obtuse acuminato.

Carex kiotensis Franch. et Savat.

Epis distincts, le supérieur mâle ; 1 épi mâle très allongé caudiforme (parfois épis hermaphrodites, 4-7 épis mâles, peu femelles à leur base, allongés caudiformes pédonculés) ; 3-4 épis femelles très allongés, caudiformes, pédonculés.

Racine traçante.

Chaumes glabres, robustes, élevés, trigones.

Feuilles glabres, larges, *scabres*, dépassant les chaumes

Stigmates, 2 d'après Franchet.

Écaille : d'un gris verdâtre ou d'un jaune paille, égale à l'utricule en longueur et en largeur, fortement striée (3 stries); à nervure dorsale verdâtre, se prolongeant en pointe tantôt petite, tantôt presque aussi longue que l'écaille.

Utricule : de couleur marron, glabre, strié au sommet (5-6 stries), ovale-arrondi, aplati; à bec court, entier.

Graine : noire, glabre, lisse, lenticulaire-aplatie, sessile, en pointe mousse au sommet.

Nos 1068, 2741. Asamayama, 20 juillet 1897; Kamitsuge, 13 mai 1899.

Espèce ayant un vague faciès de *C. acuta.*

Carex Otaruensis Franchet.

Épis distincts, le supérieur mâle; 1 épi mâle très allongé; 4 épis femelles, l'inférieur assez pédonculé.

Racine fibreuse, *très velue.*

Chaumes glabres, assez robustes, très élevés, trigones.

Feuilles glabres, *scabres*, moyennes, moins longues que les chaumes; bractées dépassant l'inflorescence.

Stigmates ?

Écaille : scarieuse, égalant à peu près l'utricule, mais moins large que lui; à nervure dorsale légèrement verdâtre, se terminant en pointe mousse.

Utricule : de couleur café au lait, glabre, très légèrement strié (4-5 stries), fusiforme aplati; à bec court, légèrement bifide.

N° 1071. Matsushima, 30 juillet 1897.

Espèce à faciès de *C. silvatica.*

Carex vulgaris Fries.

(*C. caespitosa* Good. non L.)

Épis distincts, le supérieur mâle; 1 épi mâle assez maigre et allongé; 1-5 épis femelles assez rapprochés, l'inférieur pédonculé, à utricules sur 6 rangs.

Racine traçante.

Chaumes glabres, grêles, ordinairement médiocres.

Feuilles glabres, glauques, étroites, plus courtes que les chaumes ; bractées plus courtes que l'inflorescence.

Stigmates, 2.

Ecaille : de couleur rousse ou brûlée, légèrement scarieuse sur les bords, étroite, de moitié plus courte que l'utricule ; à nervure dorsale blanchâtre, terminée en pointe mousse.

Utricule : verdâtre, glabre, fortement strié (10-12 stries), elliptique ; à bec très court.

Graine : de couleur chocolat, glabre, lisse, sessile, en pointe tronquée au sommet.

N° 2762. Daisen, 26 mai 1899.

Les échantillons du Japon ne sont pas identiques à nos échantillons d'Europe : les épis femelles sont moins bigarrés et leur couleur d'un vert blanchâtre tranche avec la couleur verte et noire du *C. vulgaris* de nos pays. A noter aussi le grand nombre d'épis femelles chez les échantillons du Japon. L'un de nos échantillons en porte cinq.

Carex cryptocarpa C. A. Mey.

Epis distincts, *les* supérieurs mâles ; 2 épis mâles *parfois bifurqués* ; 3 épis femelles tous pedonculés, à reflets cuivrés.

Racine traçante.

Chaumes glabres, robustes, très élevés.

Feuilles glabres, larges, à reflets dorés, plus courtes que les chaumes ; bractées dépassant l'inflorescence.

Stigmates 3.

Ecaille : rousse, étroite, très allongée, plus longue que l'utricule mais moins large que lui ; à nervure dorsale jaune ; terminée en pointe très aiguë.

Utricule : jaune pâle, glabre, strié (12-15 stries), ovale-arrondi ; à bec très court, entier.

Graine : rousse, glabre, lisse, ovale-aplatie, stipitée, en pointe blanchâtre tronquée au sommet.

N° 1650. Morosan, 5 juillet 1898.

Espèces à faciès de *C. paludosa*.

Carex podogyna Franch. et Savat.

Epis distincts, *les* supérieurs mâles ; 3 épis mâles tous pédonculés ; 3 épis femelles longuement pédonculés.

Racine traçante.

Chaumes glabres, grêles, ordinairement médiocres.

Feuilles glabres, variant de moyen à large, plus courtes que les chaumes; bractées, *tachées de noir* à la base, plus courtes que l'inflorescence.

Stigmates 3.

Ecaille : rouge, enveloppant l'utricule et terminée en pointe quelquefois assez longue.

Utricule : vert, réduit à une simple pellicule externe, très étroit, complètement enveloppé dans l'écaille, totalement aplati; à bec bifide et très allongé.

N° 1283. Aomori, mai 1898.

Espèce à faciès de *C. atrata* ou de *C. maritima.*

L'époque hâtive à laquelle ont été recueillis ces échantillons nous a privés d'étudier aussi complètement que nous l'eussions voulu l'utricule. Nous n'avons pu voir la graine ; pour la même raison nos échantillons paraissent malingres, comparativement à la figure que donne Franchet de cette espèce.

Carex forficula Franch. et Savat.

Epis distincts, le supérieur mâle ; 1 épi mâle allongé ; 2-4 épis femelles assez rapprochés, à utricules sur 6 rangs.

Racine fibreuse.

Chaumes glabres, grêles, très élevés, trigones.

Feuilles glabres, étroites, plus courtes que les chaumes; bractées plus courtes que l'inflorescence.

Stigmates 2.

Ecaille : roussâtre, égale à l'utricule, acuminée ; à large nervure dorsale blanche.

Utricule : d'un vert pâle, glabre, lisse, trigone aplati, *spinescent au sommet sur les côtés* ; à bec allongé, *serrulé*, bifide.

Graine : rousse, glabre, lisse, ovale-aplatie, légèrement stipitée, en pointe tronquée au sommet.

N° 1661. Nikko, 27 mai 1898.

Espèces à faciès de *C. vulgaris* auquel il ressemble beaucoup.

Carex latinervia Lévl. et Vnt. *sp. nov.*

Épis distincts, le supérieur mâle ; 1 épi mâle ; 2-4 épis femelles, assez rapprochés, l'inférieur pédonculé.

Racine fibreuse.

Chaumes glabres, médiocres.

Feuilles glabres, glauques, étroites, égales aux chaumes ; la bractée plus courte que l'inflorescence.

Stigmates 2.

Écaille : noire, étroite, plus courte et moins large que l'utricule ; à nervure dorsale blanchâtre, comprenant les trois quarts de l'écaille et terminée en pointe mousse.

Utricule : roux, glabre avec 2 ailes et 1 nervure, ovale-aplati ; à bec presque nul.

Graine : fauve, glabre, lisse, ovale-aplatie, largement stipitée, en pointe tronquée au sommet.

N° 2761. Tottori, 22 mai 1899.

Espèce voisine du *C. forficula* à faciès de *C. stricta.*

Dans le *C. vulgaris* d'Europe l'ensemble de l'écaille est noir et les bords sont blancs ; inversement chez notre carex, la nervure est blanche et les bords sont noirs.

Diagnose latine

Spicis 2-5 ; superiore mascula ; spicis femineis approximatis, inferiore pedunculata ; radice fibrosa ; caule glabro, mediocri ; foliis glabris, glaucescentibus, angustis, culmos æquantibus ; bractea inflorescentiam breviore ; stigmatibus duobus ; squama angusta, utriculum non æquante ; cum nervo albescente latissimo, obtusiusculo ; utriculo rufo, glabro, alato, uninervato ut videtur, ovato-compresso, ore subnullo ; semine rufo, glabro, levi, compresso, stipitato, ad apicem obtuse acuminato.

Carex sadoensis Franchet.

Épis distincts, le supérieur mâle ; 1 épi mâle ; 4-5 épis femelles, espacés au-dessous de l'épi mâle, *sessiles.*

Racine traçante.

Chaumes glabres, médiocres ou assez robustes.

Feuilles glabres, moyennes, moins longues que les chaumes ou égales aux chaumes ; bractées plus courtes que l'inflorescence.

Stigmates 3. Styles 3-5 fois plus longs que l'utricule.

Écaille : noirâtre, plus étroite mais plus longue que l'utricule ; à nervure dorsale verte, acuminée.

Utricule : verdâtre, glabre, légèrement aplati ; à bec court, bifide.

Graine : blanche, glabre, lisse, trigone, aplatie, légèrement stipitée, en pointe tronquée au sommet.

N° 110. Aomori, 23 juillet 1893.

Espèce à facies de *C. binervis* à épis sessiles et plumeux.

Carex plocamostyla Maxim.

Épis distincts, le supérieur mâle ; 1 épi mâle ; 2 épis femelles rapprochés, pédonculés.

Racine traçante.

Chaumes glabres, grêles, médiocres.

Feuilles glabres, étroites, égalant environ les chaumes ou moins longues que ceux-ci ; bractées égales environ à l'inflorescence.

Stigmates 2.

Écaille : rousse, étroite, beaucoup plus longue que l'utricule, mesurant environ 4 mm ; munie en outre d'une pointe de 5 mm.

Utricule : verdâtre, légèrement velu sur les côtés, bursiforme ; très petit ; à bec assez long, longuement fendu et d'où sortent deux styles deux fois plus longs que l'utricule.

Nos 1132, 1134. Miyokosan, 23 juillet 1897 ; Mazuzan, 30 juillet 1897.

Espèce à faciès de *C. frigida*.

Carex Gentiliana Lévl.

(In Bull. Soc. d'Agr. Sc. et Arts. de la Sarthe).

Epis distincts, le supérieur mâle ; 1 épi mâle ; 2 épis femelles assez rapprochés, pédonculés.

Racine traçante.

Chaumes glabres, grêles, assez courts.

Feuilles glabres, étroites, égalant environ les chaumes ; bractées égalant l'inflorescence.

Stigmates 3.

Écaille : d'un rougeâtre brûlé, cachant entièrement l'utricule ; à nervure dorsale, un peu plus pâle, acuminée.

Utricule : trigone totalement aplati, en forme de silicule transparente.

N° 1116. Miyokosan, 23 juillet 1897.

Espèce à faciès de *C. limosa.*

Chez cette espèce les échantillons sont stériles. La stérilité des utricules est un phénomène fréquent chez les *Carex* du Japon, notamment dans le groupe *plocamostyla.*

Le *C. Gentiliana* se différencie du *C. flavocuspis* par sa petite taille, son épi femelle supérieur pédonculé ; ses écailles non barbues et ses utricules glabres.

Diagnose latine.

Spicis 2-3, superiore mascula; femineis approximatis et pedunculatis ; radice repente ; culmis glabris, gracilibus, nec elatis ; foliis glabris, angustis, culmos æquantibus ; bracteis inflorescentiam æquantibus ; stigmatibus tribus ; squama rubescente utriculum omnino amplectente ; cum nervo parum conspicuo, acuminato ; utriculo trigono, compresso in speciem siliculae, lucido.

Carex Riishirensis Franch.

Epis distincts, *les* supérieurs mâles ; 1-2 épis mâles en massue, écailles moins noires que celles des épis femelles ; 2-3 épis femelles pédonculés.

Racine traçante.

Chaumes glabres trigones, moyens, médiocres.

Feuilles glabres, étroites, dans nos échantillons moitié plus courtes que les chaumes, bractées tachées de fauve à la base, ordinairement non vaginantes, plus courtes que l'inflorescence.

Stigmates 3, d'après Franchet.

Ecaille : de couleur d'encre, bordée étroitement de blanc,

enveloppant l'utricule ; à nervure dorsale fauve terminée en pointe un peu moins longue que l'écaille même.

Utricule : noir d'encre dans les 3/4 supérieurs, fauve à la base, glabre, lisse, aplati, serrulé tout autour, sans bec.

Graine : grisâtre, glabre, lisse, très petite, ne remplissant pas l'utricule, trigone, sessile, en pointe tronquée au sommet.

N° 2774. Riishiri, 25 juillet 1899.

Carex dicuspis Franchet.

Epis distincts, *les* supérieurs mâles ; 1-2 épis mâles ; 2-4 épis femelles, parfois gynandres, pédonculés.

Racine traçante.

Chaumes glabres, grêles, médiocres.

Feuilles glabres, étroites, plus courtes que les chaumes ; bractées égales à l'inflorescence.

Stigmates 2, d'après Franchet.

Ecaille : ferrugineuse, enveloppant l'utricule, mesurant environ 2 mm. ; à nervure dorsale blanche, se prolongeant en pointe serrulée très longue (7 mm.), trois fois plus longue que l'écaille.

Utricule : vert ou rougeâtre, glabre, légèrement strié à la base (3-4 stries), ovale-elliptique, atténué en pointe serrulée.

Graine : de couleur crème, glabre, lisse, trigone, nettement stipitée, en longue pointe au sommet.

N° 2772. Rebunshiri, 1er août 1899.

Espèce à faciès de *C. Buxbaumii*.

Carex scita Maxim.

Epis distincts, le supérieur mâle ; 1 épi mâle ; 2-3 épis femelles gros et courts, tous pédonculés, assez rapprochés.

Racine fibreuse.

Chaumes glabres, robustes, élevés, trigones.

Feuilles glabres, moyennes, plus courtes que les chaumes ; bractées à peine égales à l'inflorescence.

Stigmates 3, d'après Franchet.

Ecaille : de couleur olive foncé, *scabre sur les bords*, égale à l'utricule en longueur et en largeur, terminée en pointe mousse, sans nervure dorsale distincte.

Utricule : roux à la base et noirâtre au sommet, glabre, strié (12 stries environ), en forme de samare, ovale allongé, assez gros, *sans bec*.

Graine : d'un gris perle, glabre, lisse, trigone, sessile, en pointe tronquée au sommet.

N° 2766. Rebunshiri, 1er août 1899.

Espèces à faciès de *C. irrigua* extrêmement robuste.

Chez nos échantillons la plupart des utricules sont stériles.

Carex Mertensii Presc.

(*C. urostachys* Franch.)

Epis distincts, hermaphrodites; 4-7 épis denses, épais, en forme de petits cigares; les inférieurs assez longuement pédonculés et mâles à la base, le supérieur quelquefois à moitié mâle.

Racine fibreuse.

Chaumes glabres, grêles, élevés.

Feuilles glabres, moyennes, moins larges que les chaumes, bractées dépassant l'inflorescence.

Stigmates ?

Ecaille : noire, étroite, égale environ à l'utricule ; à nervure dorsale jaunâtre, terminée en pointe aiguë plus ou moins allongée.

Utricule : roux, glabre, strié (5-6 stries), en forme de samare avec la graine saillante à la base, *sans bec*.

Graine : d'un gris foncé, glabre, lisse, très petite, trigone nettement stipitée, en pointe tronquée au sommet.

N° 1127. Iwagisan, 1er septembre 1897.

Espèce ayant un faciès d'ailleurs très vague de *C. Buxbaumii*.

Carex picea Franch.

Epis distincts, le supérieur mâle ; 1 épi mâle en massue ; 3 épis femelles rapprochés.

Racine traçante.

Chaumes glabres, grêles, nains.

Feuilles glabres, très étroites, égalant environ les chaumes.

Stigmates 3.

Ecaille : rousse, large, laissant voir le bec de l'utricule, arrondie légèrement en bouclier au sommet ; à nervure dorsale blanchâtre, peu accentuée, terminée en pointe très petite.

Utricule : vert, *velu*, à 4-5 fortes côtes, trigone, à bec long, légèrement bifide.

Graine : blanchâtre, glabre, lisse, *vide*, stipitée, en pointe tronquée au sommet.

N° 2844. Aso, 20 juillet 1899.

Var. Asensis var. nov. — Utricules égalant ou dépassant l'écaille.

Espèce à faciès de *C. fuliginosa.*

Carex Gmelini Hook. et Arn.

Epis distincts, le supérieur mâle ; 1 épi mâle, le plus souvent femelle au sommet ; 3-4 épis femelles massifs, assez rapprochés, l'inférieur pédonculé.

Racine traçante.

Chaumes glabres, grêles, assez élevés.

Feuilles glabres, étroites, plus courtes que les chaumes ; bractées dépassant l'inflorescence.

Stigmates 3.

Ecaille : d'un roux brûlé, légèrement membraneuse au bord, assez large, plus courte que l'utricule ; à nervure dorsale jaunâtre, étroite, se terminant en pointe fine, aiguë, légèrement serrulée, plus ou moins allongée.

Utricule : jaune, glabre, strié (15-20 stries), ovale arrondi, à bec très court.

Graine : gris perle, glabre, lisse, trigone, stipitée, carrément tronquée au sommet.

N° 1638. Tomakomai, 6 juillet 1898.

Espèce à faciès vague de *C. Buxbaumii.*

Carex angustisquama Franch.

Epis distincts, le supérieur mâle ; 1 épi mâle petit, peu visible, dépassé par les épis femelles ; 2-4 épis femelles très pédonculés, souvent mâles au sommet.

Racine ?

Chaumes glabres, assez robustes, très élevés, trigones.

Feuilles glabres, moyennes, plus courtes que les chaumes.

Stigmates ?

Écaille : de couleur brûlée, étroite, égale à l'utricule ; à nervure dorsale blanche, très étroite, se terminant en pointe mousse.

Utricule : jaunâtre, glabre, lisse, aplati-membraneux, trigone, le troisième côté ressemblant à une nervure, muni de cils fugaces ; à bec presque nul.

Graine : de couleur café au lait, glabre, lisse, aplatie, légèrement trigone, très petite, sessile, arrondie au sommet.

N° 1644. Bandai, 7 sept. 1898. Habite sur le bord des eaux thermales.

Epèce à faciès de *C. Buxbaumii*.

Carex Gansuensis Franch.

Epis distincts, le supérieur mâle ; 1 épi mâle, élargi, 2-4 épis femelles, l'inférieur pédonculé.

Racine traçante.

Chaumes glabres, grêles, médiocres.

Feuilles glabres, un peu glauques, moyennes, égales aux chaumes ; bractées plus courtes que l'inflorescence.

Stigmates 3, d'après Franchet.

Écaille : noire, assez large, égale environ à l'utricule ; à nervure dorsale blanchâtre, terminée en pointe aiguë assez longue.

Utricule : d'un jaune paille, glabre, strié (4-5 stries), ovale, allongé, portant de chaque côté une nervure saillante et tranchante ; à bec court.

N° 1646. Sommet du Gauju, 12 août 1898.

Espèce à faciès de *C. frigida*.

Carex funicularis Franch.

(*C. crassinervia* Franch.)

Epis distincts, le supérieur mâle ; 1 épi mâle, gros ; 1 épi femelle sessile, rapproché de l'épi mâle.

Racine traçante.

Chaumes glabres, grêles, assez élevés.

Feuilles glabres, subcapillaires, souvent canaliculées, moins longues que les chaumes.

Stigmates 3, d'après Franchet.

Écaille : d'un marron foncé, plus courte et moins large que l'utricule; à nervure dorsale légère et pâle se terminant en petite pointe.

Utricule : blanchâtre brunissant, glabre, strié (7-8 stries), muni de deux grosses nervures latérales saillantes, arrondi-globuleux, sans bec.

Graine : blanchâtre, lisse, trigone, sessile, présentant au sommet une sorte de houppe par suite de la dilatation de la base du style.

N° 1641. Tourbières de Shirakawa en dehors desquelles il n'a jamais été trouvé.

Espèce à faciès de *C. panicea* qui n'aurait qu'un seul épi femelle.

Carex pruinosa Boott.

Var. picta Boott.

Epis distincts, le supérieur mâle ; 1 épi mâle fauve ; 1-2 épis femelles, fauves, massifs, tous pédonculés, à pédoncules très-fins.

Racine fibreuse.

Chaumes glabres, grêles, assez élevés.

Feuilles glabres,glauques, moyennes, moins longues que les chaumes ; bractées égalant l'inflorescence.

Stigmates 2, d'après Franchet.

Ecaille: de couleur rouille, plus longue, mais moins large que l'utricule ; à nervure dorsale, verdâtre, accentuée, terminée en pointe très aiguë.

Utricule : de couleur rouge, velu-papilleux, strié (3-4 stries), muni de 2 nervures latérales saillantes, arrondi subglobuleux ; à bec pointu, court, entier.

Graine : d'un roux pâle, glabre, lisse, très-aplatie, arrondie, légèrement stipitée, arrondie au sommet.

N° 1101. Aomori, 15 juin 1897.

Espèce à faciès de *G. vesicaria* qui n'aurait qu'un seul épi mâle.

Carex levicaulis Franchet.

Epis distincts, *les* supérieurs mâles ; 1-3 épis mâles, parfois rameux avec un utricule à la base ; 2 épis femelles, courts, massifs, assez longs, pédonculés, assez rapprochés, souvent mâles au sommet.

Racine traçante.

Chaumes glabres, assez robustes, élevés, trigones.

Feuilles glabres, étroites, beaucoup plus courtes que les chaumes ; bractées égalant l'inflorescence.

Stigmates 2.

Ecaille : noire, plus courte que l'utricule ; à nervure dorsale verdâtre, acuminée.

Utricule : vert, glabre, strié (15-16 stries), convexe d'un côté, concave de l'autre ; à bec court, entier.

Graine : de couleur marron, glabre, lisse, trigone, très aplatie, sessile, surmontée d'une sorte de houppe par suite de la dilatation de la base du style.

N° 1642. Sapporo, 7 juillet 1898.

Espèce à faciès de *C. filiformis*.

Carex Franchetiana Lévl. et Vnt. *sp. nov.*

Plante dioïque ; 4 épis mâles grêles ; inflorescence femelle di-trichotome, distribuée sur le chaume par groupes de 2-3 épis femelles *unipédonculés*, terminés en épi mâle.

Racine fibreuse.

Chaumes glabres, grêles, assez élevés, trigones.

Feuilles glabres, *scabres*, étroites, *très nervées*, canaliculées, égales aux chaumes, bractées égales à l'inflorescence.

Stigmates ?

Ecaille : concolore avec l'utricule, plus courte d'un tiers que l'utricule et plus étroite que lui, sans nervure dorsale distincte, terminée en pointe plus ou moins longue.

Utricule : jaune paille, velu sur les deux côtés et entre les stries (celles-ci au nombre de 12 à 15), ovale-arrondi, aplati, en pointe aux deux extrémités ; à bec entier, médiocre.

Graine : jaunâtre, glabre, lisse, lenticulaire, sessile, en pointe tronquée au sommet.

N°s 2738, 2739. Iles du sud du Japon, Chine, 1896.

Espèce à faciès unique. Ce *Carex* par la dichotomie du pédoncule *commun* ressemble à l'*Anthoxanthum Puelii.*

Diagnose latine

Dioica ; 4 spicis masculis gracilibus; inflorescentia feminea bi-trichotoma, spicis femineis ternatim distributis, unipedunculatis et ad apicem masculis; radice fibrosa; culmis gracilibus, trigonis et altis; foliis scabris, angustis, conspicue nervatis, canaliculatis, culmos æquantibus, bracteis inflorescentiam æquantibus ; squama concolore cum utriculo, illoque breviore et angustiore, nervo dorsali destituta, in acumen plus minusve longum desinente; utriculo flavescente, *undique villoso*, striato, subrotundo, compresso, ad utrumque polum attenuato, ore mediocri et integro; semine flavo, glabro, levi, lenticulari, sessili, ad apicem obtuse truncato.

Carex lanceolata Boott.

Epis distincts, le supérieur mâle; 1 épi mâle, blanc, scarieux, à larges écailles, portant sur son flanc un utricule ou un épi femelle : 4-5 épis femelles pauciflores.

Racine traçante.

Chaumes glabres, grêles, médiocres.

Feuilles glabres, étroites, égalant environ les chaumes ; bractées réduites à une gaine *vaginante* d'un centimètre environ de longueur.

Stigmates 3.

Ecaille : roussâtre, légèrement scarieuse au bord, large, enveloppante, un peu plus longue que l'utricule ; à nervure dorsale presque concolore, acuminée.

Utricule : jaune paille, *velu*, strié (environ 12 stries), trigone, *stipité*, atténué en pointe aux deux extrémités.

Graine : blanchâtre, glabre, *vide*, *trigone*, *stipitée*, en pointe tronquée au sommet.

N° 1089. Aomori, 18 juin 1897.

Espèce à faciès de C. *panicea*.

Var. nana, 1 épi mâle pauciflore enveloppé de grandes gaines blanchâtres ; plusieurs épis femelles uniflores ou biflores.

CHAUMES glabres, *nains*.

FEUILLES subcapillaires, dépassant de beaucoup les chaumes.

ECAILLE : de couleur paille, de moitié plus courte que l'utricule, tachée latéralement de rouge ; à nervure dorsale blanchâtre, carrément tronquée au sommet et présentant 3 pointes dont une médiane.

UTRICULE : verdâtre, *hispide*, massif, en coupole arrondie surmontée d'une pointe au sommet, atténué en pointe à la base.

GRAINE : d'un noir terne, glabre, lisse.

Le reste des caractères comme dans le type.

N° 1088. Aomori, juin 1897.

Variété à faciès de C. *humilis*.

Carex conica Boott.

Epis distincts, le supérieur mâle ; 1 épi mâle en massue ; 2 épis femelles, longuement pédonculés, assez écartés du mâle quoique l'atteignant presque à cause de la longueur des pédoncules.

RACINE fibreuse.

CHAUMES glabres, grêles, médiocres.

FEUILLES glabres, moyennes, moins longues que les chaumes ; bractées réduites à des gaines *vaginantes* de 1 centimètre environ.

STIGMATES 3, d'après Franchet.

ECAILLE : scarieuse, maculée de rouge sang, large, enveloppante, carrément tronquée au sommet qui présente une petite pointe *ciliée* ; à nervure dorsale presque concolore.

UTRICULE : vert, glabre, fortement strié (12-15 stries), globuleux ; à bec très court.

GRAINE : blanchâtre, trigone, *stipitée*, en pointe tronquée au sommet.

N° 1092, Hirosaki, 4 juin 1897.

Espèce à faciès de C. *panicea*.

Carex pseudo-conica Franch. et Sav.

Epis distincts, le supérieur mâle ; 1 épi mâle très pédonculé ; 1-2 épis femelles *tous* pédonculés.

Racine traçante.

Chaumes glabres, grêles, médiocres.

Feuilles glabres, étroites, plus courtes que les chaumes ; bractées inférieures à gaines vaginantes de plus de 1 cent. de long.

Stigmates 3, d'après Franchet.

Ecaille : jaune paille, large, enveloppante, égale à l'utricule ; à nervure dorsale concolore avec l'écaille.

Utricule : olivâtre, glabre, *très strié*, trigone atténué en pointe ; à bec court, entier.

Graine : d'un noir de jais, trigone, stipitée, en pointe tronquée au sommet.

N° 1695. Fusiyama, 10 juin 1898.

Espèce à faciès de *C. præcox* qui aurait ses épis femelles distribués sur la tige.

f. *amphora* Franch. et Savat. Utricule à bec prononcé.

N° 4428. Ile Nippon, collines de la province d'Ibaraki, juin 1900.

Carex multipes Lévl. et Vnt. sp. nov.

Epis distincts, le supérieur mâle ; 1 épi mâle grêle, court, ordinairement contigu à l'épi femelle supérieur ; 1-2 épis femelles un peu globuleux.

Racine traçante *à rejets multiples.*

Chaumes glabres, grêles, médiocres.

Feuilles glabres, étroites, plus courtes que les chaumes ; bractées non vaginantes, à pointe sétacée courte manquant quelquefois.

Stigmates ?

Ecaille : de couleur paille, transparente, plus courte et plus étroite que l'utricule ; à nervure dorsale concolore, plus ou moins acuminée.

Utricule : de couleur paille, taché de roux, *densément velu*, lisse, ovale trigone, acuminé au sommet.

Graine : blanchâtre, glabre, lisse, trigone, sessile, en pointe obtuse au sommet.

N° 2808. Nagasaki 5 juin 1899 ; n° 4421. Ile de Nippon sur les collines de la province d'Ibaraki, mai 1900.

Se distingue du C. *pseudo-conica* par l'épi mâle contigu à l'épi femelle supérieur, par ses utricules velus, par ses épis sessiles et enfin par sa racine.

Diagnose latine.

Spicis distinctis, superiore mascula; spica mascula gracili, brevi, sæpe ad superiorem spicam femineam contigua; 1-2 spicis femineis subrotundatis; radice repente multiplici modo stolonifera; culmis gracilibus, mediocribus; foliis angustis, culmos non æquantibus; bracteis non vaginantibus, in acumen setaceum haud raro desinentibus; squama flavescente, lucida, breviore et angustiore quam utriculus, nervo dorsali concolore et acuminato prædita; utriculo flavescente, fulvis maculis picto, *dense villoso*, levi, ovali-trigono, ad apicem acuminato; semine albescente, glabro, levi, trigono, sessili, ad apicem obtuse truncato.

Carex blepharicarpa Franch.

Epis disticts, le supérieur mâle ; 1 épi mâle très gros; 2 épis femelles, l'inférieur presque basilaire et extrêmement pédonculé.

Racine traçante.

Chaumes glabres, grêles, médiocres, trigones.

Feuilles glabres, étroites, égalant presque les chaumes; bractées inférieures longuement vaginantes.

Stigmates 3, d'après Franchet.

Ecaille : de couleur brûlée, large, orbiculaire-elliptique ; à nervure dorsale accentuée, blanche à la base, rousse au sommet, terminée en pointe presque égale au bec de l'utricule, légèrement scarieuse au sommet de chaque côté de la pointe.

Utricule : verdâtre, *velu*, vaguement strié ; atténué en pointe bifide à la base ; à bec *roux*, médiocre, bifide.

N° 1667. Ibuki, 17 juin 1898.

Espèce à faciès spécial. Le Carex qui s'en rapprocherait le plus parmi nos espèces européennes serait le *C. panicea*.

Nous n'avons pu voir la graine de cette espèce. L'utricule ressemblait à un sac vide, aplati et concave.

Carex Kingiana Lévl. et Vnt. *sp. nov.*

Epis distincts, le supérieur mâle ; 1 épi mâle, 2-4 épis femelles, grêles, écartés, surtout les inférieurs.

RACINE traçante.

CHAUMES glabres, grêles, médiocres.

FEUILLES glabres, étroites, un peu plus longues que les chaumes ; bractées *très vaginantes*, égalant l'inflorescence.

STIGMATES 3.

ECAILLE : jaune ou d'un vert pâle, large, enveloppante, scutiforme, égale environ à l'utricule ; à nervure dorsale noire ou noirâtre, acuminée.

UTRICULE : gris ou jaunâtre, glabre, muni de 2-3 stries du même côté et de 2 côtes latérales, allongé, fusiforme, convexe d'un côté, concave de l'autre, avec un sinus horizontal au milieu de la longueur ; à bec entier, médiocre.

N°s 2814, 2820. Kamitsuge, 13 mai 1899 ; Nagasaki, 3 juin 1899 ; n° 4430, île Shikoku sur le mont Tsurugi, juin 1900 ; n° 4413, ile Nippon, lieux herbeux de Ibarakiken, mai 1900. Espèce à faciès de *C. pallescens* très maigre.

Diagnose latine

Spicis distinctis, superiore mascula ; 2-4 spicis femineis, gracilibus et remotis ; radice repente ; culmis gracilibus, mediocribus ; foliis angustis, culmos superantibus ; bracteis vaginantibus et inflorescentiam æquantibus ; stigmatibus 3 ; squama flava vel viridescente, lata, scutiformi, utriculum æquante et amplexante, cum nervo dorsali nigrescente, acuminato ; utriculo flavescente, striato ex uno latere, costis duabus munito, altera parte convexo aliaque concavo, fusiformi, ore integro et mediocri.

Carex Candolleana Lévl. et Vnt. *sp. nov.*

Epis distincts, le supérieur mâle ; 1 épi mâle petit ; 2 épis femelles très petits, pauciflores, rapprochés.

RACINE fibreuse.

CHAUMES glabres, grêles, très courts.

FEUILLES glabres, très étroites, égales aux chaumes ou les

dépassant ; bractées *non vaginantes*, plus longues que l'inflorescence.

STIGMATES 3.

ECAILLE : scarieuse, enveloppant l'utricule et le dépassant par sa pointe ; à nervure dorsale verte, terminée en pointe allongée

UTRICULE : de couleur paille, glabre, strié (5-6 stries), atténué à la base, *sans bec.*

N° 2787. Nara, 15 mai 1899.

Espèce à faciès de *C. pilulifera* touffu.

Var. PUBESCENS

N° 4408. Ile de Kiushu dans les forêts du mont Ichifusa, juin 1900.

S. Var. *longebracteata*

Se distingue de la variété précédente par le développement très grand de sa bractée inférieure.

N° 4403. Ile de Shikoku, sommet du mont Tsurugi, juin 1900.

Diagnose latine

Spicis distinctis, superiore mascula, parva ; spicis femineis minimis, paucifloris et approximatis ; radice fibrosa ; culmis gracilibus, nanis ; foliis angustissimis culmos saltem æquantibus ; bracteis haud vaginantibus, inflorescentiam superantibus ; stigmate triplici ; squama hyalina, utriculum amplexante et superante, cum nervo dorsali viridi in acumen longum desinente ; utriculo flavescente, glabro, striato, ad basim attenuato, ore nullo.

Carex Engleriana Lévl. et Vnt. *sp. nov.*

Epis distincts, le supérieur mâle ; 1 épi mâle ; 3-4 épis femelles, l'inférieur distant pédonculé.

RACINE fibreuse.

CHAUMES glabres, grêles, médiocres.

FEUILLES glabres, étroites, égales environ aux chaumes ; bractées *non vaginantes*, dépassant l'inflorescence.

STIGMATES ?

Ecaille : verdâtre, à pointe aussi longue qu'elle et dépassant l'utricule ; à nervure dorsale concolore *double.*

Utricule : gris verdâtre, *pubérulent*, strié, trigone, en pointe pyramidale au sommet, muni à la base d'un appendice caudiforme pointu.

Graine : d'un noir ferrugineux, trigone, sessile, en pointe tronquée au sommet.

N° 1711. Sorachi, 12 juillet 1898 ; n° 4400, île Nippon, lieux herbeux près de Tokiyo, mai 1900.

Espèce à faciès de C. *pallescens* maigre.

Diagnose latine

Spicis distinctis, superiore mascula ; 3-4 spicis femineis, inferiore distante et pedunculata ; radice fibrosa ; culmis gracilibus, mediocribus ; foliis angustis, culmos fere æquantibus ; bracteis non vaginantibus, inflorescentiam superantibus ; squama viridescente, utriculum superante, acumine ipsam æquante, cum nervo dorsali concolore ac *duplici* ; utriculo griseo vel viridescente, *pubescente*, striato, trigono, ad apicem pyramidali, ad basim autem caudiformi appendiculato ; semine nigro, trigono sessili, ad apicem obtuse truncato.

Carex Heribaudiana Lévl. et Vnt. *sp. nov.*

Epis distincts, le supérieur mâle ; épi mâle grêle, court, ovoïde ou en massue ; 2-4 épis femelles réunis au sommet, rapprochés de l'épi mâle, le 4ᵉ parfois à moitié basilaire.

Racine traçante.

Chaumes glabres, grêles, médiocres.

Feuilles glabres, étroites, égalant au plus les chaumes ; bractées vaginantes sur un 1/2 ou 1 centimètre, dépassant beaucoup l'inflorescence.

Stigmates ?

Ecaille : scarieuse, largement maculée de rouge, large ; à nervure dorsale, naissant parfois du milieu, s'allongeant en pointe aussi longue que le corps de l'écaille, double de l'utricule en longueur et quelquefois noirâtre au sommet.

Utricule : vert ou jaune verdâtre, glabre, strié (6-16 stries, parfois grosses) surtout à la partie supérieure, trigone, fusiforme globuleux ; à bec court, entier.

Graine : d'un gris perle, grisâtre ou noirâtre, glabre, trigone, stipitée parfois longuement, en pointe tronquée, parfois noirâtre au sommet.

Nos 1106, 2784, 2785. Kamitsuge, 13 mai 1899 ; Miyokosan, 23 juillet 1897 ; Yamakita, 8 mai 1899.

Espèce à faciès particulier.

Diagnose latine

Spicis distinctis, superiore mascula brevi ac gracili, ovoidea vel clavata ; 2-4 spicis femineis ad apicem confertis, inferiore sæpe subgynobasi ; radice repente ; culmis gracilibus et mediocribus ; foliis angustis vix culmos æquantibus ; bracteis valde vaginantibus et inflorescentiam superantibus ; squama hyalina, rubro tincta, lata, cum nervo dorsali interdum e media squama enascente, in acumen ipsam æquans et duplo utriculum superans producto ; utriculo viridi aut flavescente, glabro, striato, trigono fusiformi, ore brevi et integro ; semine griseo vel fusco, glabro, trigono, conspicue stipitato, ad apicem obtuse truncato.

Carex Wardiana Lévl. et Vnt. *sp. nov.*

Epis distincts, le supérieur mâle ; l'épi mâle en massue ; 1-2 épis femelles rapprochés, l'inférieur parfois gynobase.

Racine traçante et *stolonifère.*

Chaumes glabres, grêles, médiocres.

Feuilles glabres, étroites, dépassant les chaumes ; bractées *vaginantes*, égales à l'inflorescence.

Stigmates ?

Ecaille : rousse, allongée ; à nervure dorsale accentuée et concolore, terminée en pointe dépassant beaucoup l'utricule.

Utricule : d'un vert pomme, glabre, lisse, trigone globuleux, atténué aux deux extrémités ; à bec court, entier.

Graine : d'un gris ardoise, glabre, à peine trigone, obscurément stipitée, en pointe presque nulle au sommet.

No 2779. Rebunshiri, 1er août 1899.

Espèce à faciès de *C. pallescens* maigre, mais à fleuraison plus riche.

Diagnose latine

Spicis distinctis, superiore mascula clavata; 1-2 spicis femineis approximatis, inferiore non raro gynobasi ; radice repente et *stolonifera* ; culmis gracilibus, mediocribus ; foliis angustis, culmos superantibus ; bracteis vaginantibus et inflorescentiam aequantibus ; squama fulva, producta, cum nervo dorsali distincto et concolore, in acumen longe utriculum superans desinente ; utriculo viridi, glabro, *levi*, trigono, rotundato, ad utrumque polum attenuato ; ore brevi et integro , semine griseo, glabro, vix trigono, obscure stipitato, ad apicem abrupte truncato.

Carex Fernaldiana Lévl. et Vnt. sp. nov.

Epis distincts, le supérieur mâle ; 1 épi mâle grêle de couleur rousse ; 2-3 épis femelles, le supérieur à la base de l'épi mâle.

Racine traçante.

Chaumes glabres, capillaires, courts.

Feuilles glabres, capillaires, *moins longues que les chaumes* ; bractées vaginantes sur une longueur d'environ 1/2 centimètre, à pointe foliacée assez longue, plus courtes que *l'inflorescence.*

Stigmates ?

Ecaille : d'un jaune paille, plus large mais plus courte que l'utricule bien développé ; à nervure dorsale concolore se terminant en arête médiocre.

Utricule : brun, glabre, strié (12-15 stries), ovale allongé, s'atténuant en bec arrondi.

N° 4431. Ile de Nippon près d'Ibaraki, mai 1900.

Diagnose latine.

Spicis distinctis, superiore mascula fulva et gracili ; 2-3 spicis femineis, superiore ad masculae basim admota ; radice repente; culmis brevibus et tenuissimis ; foliis tenuissimis, culmos non æquantibus ; bracteis vaginantibus, inflorescentia brevioribus; squama flavescente, latiore sed breviore quam utriculus, cum nervo dorsali concolore et aristato ; utriculo brunneo, glabro, striato, ovali et producto, ore rotundo.

Carex mitrata Franch.

Epis distincts, le supérieur mâle ; 1 épi mâle très fluet allongé, à écailles mucronées ; 2 épis femelles rapprochés.

Racine traçante.

Chaumes glabres, grêles, médiocres.

Feuilles glabres, étroites, dépassant les chaumes ; bractées *vaginantes* réduites à une gaîne courte surmontée d'une pointe.

Stigmates 3, d'après Franchet.

Ecaille : blanchâtre, parfois tronquée mucronée en forme de mitre, égalant le corps de l'utricule, s'arrondissant en pointe mousse ; à nervure dorsale verdâtre.

Utricule : vert jaunâtre, glabre, strié (12 stries), en forme de lampe ou de mitre ou de bonnet phrygien dressé, comme lacéré à la base ; à bec court, épais.

Gaine : rousse, glabre, lisse, trigone, en pointe tronquée au sommet.

N° 2795. Yamakita, 8 mai 1899.

Espèce à faciès de *C. pallescens.*

Carex Duvaliana Franch et Sav,

Epis distincts, le supérieur mâle ; 1 épi mâle un peu en massue argenté, pédicellé ; 2-3 épis femelles espacés, pédicellés, laxiflores.

Racine traçante.

Chaumes velus, assez grêles, assez élevés.

Feuilles velues sur les gaines et les limbes, étroites, plus longues que les chaumes ; bractées, velues, longuement vaginantes, plus courtes que l'inflorescence.

Stigmates 3, d'après Franchet.

Ecaille : toute scarieuse, plus courte et plus étroite que l'utricule ; à nervure dorsale un peu roussâtre, terminée en pointe mousse.

Utricule : gris, velu, strié (10-12 stries), ovale arrondi, atténué à la base et au sommet ; à bec court, bifide.

Graine : d'un gris perle, glabre, lisse, trigone, sessile, en pointe tronquée au sommet.

N° 2807. Yamakita 6 mai 1899.

Carex chrysolepis Franch et Sav.

Epis distincts, le supérieur mâle ; épi mâle, élargi, à reflets dorés ; 1-2 épis femelles maigres et pauciflores.

Racine fibreuse ; souche munie de fibrilles.

Chaumes glabres, grêles, médiocres.

Feuilles glabres, *étroites*, *canaliculées*, plus longues que les chaumes ; bractées vaginantes, à limbe sétacé très court.

Stigmates 2.

Ecaille : d'un roux clair, ovale allongée, plus large et plus longue que l'utricule ; à nervure dorsale indistincte ou verdâtre ; acuminée.

Utricule : noirâtre, glabre, strié (8-10 stries) falciforme, stipité ; à bec allongé, bifide.

N° 4388. Ile de Shikoku dans les rochers du mont Tsurugi, juin 1900. Mêlé à *C. Makinoensis*.

Var. modesta.

1-2 épis mâles à reflets dorés plus faibles que dans le type ; 2-3 épis femelles noirs ou fauves, l'inférieur longuement pédonculé.

Racine traçante stolonifère.

Feuilles plus courtes que dans le type.

Utricule vert, allongé, à bec très bifide et très fortement serrulé.

N° 1666. Fusiyama, 10 juin 1898.

Carex microtricha Franch.

Epis distincts, le supérieur mâle ; 1 épi mâle en massue 1-2 épis femelles.

Racine traçante.

Chaumes glabres, grêles, médiocres.

Feuilles glabres, étroites, beaucoup plus courtes que les chaumes ; bractées courtes, très peu vaginantes.

Stigmates 3 d'après Franchet.

Ecaille : rousse, étroite, allongée, plus longue que l'utricule ; à nervure dorsale concolore, terminée en pointe un peu noirâtre à la base.

Utricule : d'un vert blanchâtre, glabre, lisse, trigone ; à bec très court, entier.

Graine : d'un gris cendré, chagrinée à la base, trigone, en pointe tronquée au sommet.

N° 2806. Rebunshiri, 1er août 1899.

Espèce voisine de *C. conica*, à faciès d'ailleurs très vague de *C. praecox*.

Chez nos échantillons on compte beaucoup d'utricules avortés dans chaque épi ; à peine trouve-t-on 2-3 utricules fertiles.

Carex Wrightii Franch.

Epis distincts, le supérieur mâle ; 1 épi mâle en massue ; 3 épis femelles rapprochés.

Racine traçante, *stolonifère*.

Chaumes glabres, grêles, médiocres.

Feuilles glabres, étroites, plus courtes que les chaumes ; bractées très courtes ou nulles.

Stigmates 3.

Ecaille : pourpre, étroitement scarieuse aux bords, aussi large mais un peu plus courte que l'utricule ; à nervure dorsale verdâtre.

Utricule : verdâtre, *velu*, lisse, trigone, à bec très court, entier.

Graine : d'un gris perle, chagrinée, trigone, sessile, en pointe tronquée au sommet.

N° 1093. Miyokosan, 23 juillet 1897.

Espèce à faciès de *C. pilulifera*.

Carex hololasius Lévl. et Vnt. *sp. nov.*

Epis distincts, le supérieur mâle ; 1 épi mâle fusiforme ; 2 épis femelles rapprochés du sommet, pauciflores.

Racine fibreuse.

Chaumes *velus*, grêles, nains.

Feuilles *velues*, capillaires, un peu en gouttière, plus longues que les chaumes ; bractées vaginantes, plus courtes que l'inflorescence.

Stigmates 2.

Ecaille : verdâtre, plus courte et plus étroite que l'utricule ; à nervure dorsale concolore ; obtuse.

Utricule : vert, *velu*, strié (7-8 stries), arrondi-trigone ; à bec court, courbé.

N° 4333. Ile Nippon, province d'Ibaraki ; mai 1900.

Diagnose latine.

Spicis distinctis, superiore mascula fusiformi, 2 spicis femineis paucifloris, ad apicem sitis ; radice fibrosa ; culmis *villosis*, gracilibus et nanis ; foliis *villosis*, capillaribus, fere canaliculatis, culmos superantibus ; bracteis vaginantibus, inflorescentia brevioribus ; stigmate duplici ; squama viridescente, obtusa, breviore et angustiore quam utriculus, cum nervo dorsali concolore ; utriculo viridi, *villoso*, striato, trigono-rotundato ; ore brevi et retorto.

Carex argyrostachys Lévl. et Vnt. *sp. nov.*

Epis distincts, le supérieur mâle ; 1 épi mâle à écailles argentées ; 1 épi femelle pauciflore (3-4 fleurs) à la base de l'épi mâle.

Racine traçante.

Chaumes glabres, grêles, courts.

Feuilles glabres, étroites, égalant ordinairement les chaumes. *Pas de bractées.*

Stigmates 3.

Ecaille : scarieuse, égale à l'utricule ; à nervure dorsale d'un vert paille, entourée de 2 taches pourpre.

Utricule : d'un vert clair, *velu hispide*, grossièrement strié, ellipsoïde fusiforme renflé ; à bec court, bifide.

Graine : blanche, glabre, lisse, trigone, à peine stipitée, en pointe tronquée au sommet.

Sans n°, ni localité, ni date.

Espèce à inflorescence présentant le faciès du *C. œdipostyla*.

Très distincte du *C. gifuensis* Franch., par sa petite taille, son épi femelle unique et son épi mâle argenté brillant.

Diagnose latine.

Spicis distinctis, superiore mascula ; spica mascula squamis argenteis spectabili ; spica feminea unica, pauciflora, ad basim masculæ ; radice repente ; culmis gracilibus et brevibus ; foliis angustis culmos æquantibus ; bracteis nullis ; stigmate triplici ; squama hyalina utriculum æquante, cum nervo dorsali viridescente, duabus maculis purpureis appositis ; utriculo laete viridi, villoso hispido, conspicue striato, fusiformi, ore brevi et bifido ; semine albo, glabro, levi, trigono, parum stipitato, ad apicem obtuse truncato.

Carex stolonifera Lévl. et Vnt. *sp. nov.*

Epis distincts, le supérieur mâle ; 1 épi mâle ; 2-3 épis femelles pauciflores.

Racine traçante, *très stolonifère.*

Chaumes glabres, grêles, médiocres.

Feuilles glabres, étroites, plus courtes que les chaumes. *Pas de bractées.*

Stigmates ?

Ecaille : rousse, scarieuse sur les bords, égale à l'utricule.

Utricule : brunâtre, glabre, lisse, trigone ; à bec court, entier, en pointe pyramidale.

Graine : d'un gris de plomb, glabre, lisse, stipitée, en pointe tronquée au sommet.

N° 1118. Nasuzan, 30 juillet 1890.

Espèce à faciès de *C. pilulifera* pulicariforme.

Diagnose latine.

Spicis distinctis, superiore mascula ; 2-3 spicis femineis paucifloris ; radice repente et valde stolonifera ; culmis gracilibus, mediocribus ; foliis angustis, brevioribus quam culmi ; bracteis nullis ; squama rufa, margine hyalina, utriculum æquante ; utriculo brunneo, glabro, levi, trigono, ore brevi, integro et pyramidali ; semine griseo, glabro, levi, stipitato, ad apicem obtuse truncato.

Carex breviculmis R. Br.

(*C. fibrillosa* Franch. et Savat.)

Epis distincts, le supérieur mâle ; 1 épi mâle entouré de 2-3 épis femelles, l'épi femelle inférieur parfois écarté.

Racine traçante.

Chaumes glabres, courts, trigones.

Feuilles glabres, étroites, dépassant les chaumes ; bractées dépassant beaucoup l'inflorescence.

Stigmates 3.

Ecaille : scarieuse, acuminée, égale à l'utricule ; à nervure dorsale jaune paille.

Utricule : d'un jaune paille, très pubescent, surstrié (12 grosses stries entremêlées de stries fines), ovoïde ; à bec presque nul.

Graine : d'un gris roussâtre, glabre, trigone, *très longuement* stipitée, en pointe tronquée au sommet.

N° 1710. Tsu, 19 juin 1898.

Espèce à faciès de *C. humilis*.

Carex pachygyna Franch. et Savat.

8-12 épillets, mâles au sommet, distribués par groupes de 3 sur un chaume articulé ; chaque groupe sortant d'une bractée spathiforme.

Racine très traçante.

Chaumes glabres, grêles, médiocres, *en ligne brisée*.

Feuilles glabres, *très larges* (près de 2 cent.), subrubanées et tachées de rouille noirâtre, égalant environ les chaumes ; bractées vaginantes, à limbe spathiforme.

Stigmates 3.

Ecaille : très petite, atteignant à peine en hauteur et en largeur la moitié de l'utricule ; à nervure dorsale large et noirâtre ; arrondie au sommet.

Utricule : rougeâtre ou d'un jaune paille, glabre, très strié (20-25 stries), trigone, sans bec.

Graine : roussâtre, glabre, lisse, trigone, sessile, en pointe tronquée au sommet.

N° 2778. Kamitsuge, 13 mai 1899.

Espèce à faciès de *Juncus*.

Carex siderosticta Hance.

Epis distincts; 1 épi mâle, parfois 2, l'un alors pédicellé, au dessous des épis femelles; 3-4 épis femelles écartés et enveloppés dans une bractée spathiforme.

Racine traçante.

Chaumes glabres, grêles, médiocres, *latéraux*, comme articulés.

Feuilles glabres, très larges, égales aux chaumes, subrubanées, tachées de rouille; bractées acuminées, *vaginantes*, en forme de capuchon.

Stigmates 3, d'après Franchet.

Écaille: verdâtre, *obtuse*, égalant environ l'utricule, munie de 2-3 stries d'un vert plus foncé.

Utricule: verdâtre, glabre, lisse, lagéniforme; à bec court, entier.

N° 1637. Nikko, 27 mai 1898.

Espèce à faciès de *Milium* par son inflorescence et un peu de *C. arenaria* par sa racine.

Carex Fauriei Franch.

Epis distincts, le supérieur mâle; 1 épi mâle épais en massue; 1-3 épis femelles à gros utricules.

Racine fibreuse.

Chaumes glabres, assez robustes, médiocres.

Feuilles glabres, larges, dépassant les chaumes; bractées acuminées, *très vaginantes*.

Stigmates 3.

Ecaille: d'un vert pâle, atteignant le bec de l'utricule; à nervure dorsale verte, se terminant en pointe assez allongée.

Utricule: vert, glabre, très strié (30-40 stries), globuleux; à bec assez long, bifide.

Graine: de couleur roussâtre, glabre, lisse, globuleuse, obscurément trigone, *ombiliquée à la base*, en pointe tronquée au sommet.

N° 1080. Aomori, mai 1898.

Espèce à faciès de *Panicum crus-galli*, par ses épis.

Carex Morowii Boott.

Epis distincts, le supérieur mâle ; 1 épi mâle allongé dépassant beaucoup les femelles ; 3-4 épis femelles écartés, les inférieurs pédonculés.

Racine traçante.

Chaumes glabres, grêles, assez élevés.

Feuilles glabres, larges, *rubanées, très nervées* (26 nervures), dépassant longuement les chaumes, les inférieures très courtes, roussâtres; bractées *vaginantes*, en pointe arrondie et sétacée.

Stigmates 3.

Ecaille : concolore avec l'utricule, étroite, atteignant la base du bec de l'utricule, *striée ;* à nervure dorsale accentuée, acuminée.

Utricule : roux, glabre, fortement strié (environ 15 stries); à bec *courbé*, assez long, entier.

Graine : brune, trigone, flétrie dans nos échantillons. N° 1098. Sendaï, 30 juin 1897.

Cette espèce est cultivée dans nos grands jardins publics. C'est le *C. japonica* des horticulteurs.

Carex cardioglochis Lévl. et Vant. *sp. nov.*

Epis distincts, le supérieur mâle ; 1 épi mâle ; 3 épis femelles pédonculés, surtout l'inférieur.

Racine ?

Chaumes glabres, grêles, élevés.

Feuilles glabres, moyennes, égalant au moins les chaumes ; bractée inférieure dépassant l'inflorescence.

Stigmates ?

Ecaille : totalement scarieuse, large, grande, plus courte que l'utricule, obcordée; à nervure dorsale concolore, acuminée parfois en pointe plus longue que l'utricule,

Utricule : jaune, glabre, strié (6-10 stries), ovale; à bec court, entier.

Graine : de couleur marron, glabre, lisse, arrondie, aplatie, non trigone, sessile, en pointe tronquée au sommet.

N° 2760. Kujusan, 28 juin 1899.

Espèce présentant quelque chose du faciès du *C. Hornschuchiana*.

Diagnose latine

Spicis distinctis, superiore mascula; 3 spicis femineis, præsertim inferiore, pedunculatis, culmis gracilibus et altis; foliis mediocribus, culmos æquantibus; bractea inferiore inflorescentiam superante; squama hyalina, magna et lata, utriculum non æquante, obcordata, cum nervo dorsali concolore, sæpe in acumen utriculum superans desinente; utriculo flavo, glabro, striato, ovali, ore brevi et integro; semine castaneo colore, glabro, levi, rotundato compresso, nec trigono, sessili, ad apicem obtuse truncato.

Carex grandisquama, Franch.

Epis distincts, le supérieur mâle; 1 épi mâle à écaille inférieure munie d'une nervure dorsale épaisse; 1-2 épis femelles écartés.

Racine traçante.

Chaumes glabres, grêles, élevés.

Feuilles glabres, larges, *très nervées*, égalant environ les chaumes; bractées *longuement vaginantes*, ne dépassant pas les chaumes.

Stigmates 3.

Ecaille : roussâtre, très large, enveloppante, aussi longue que l'utricule, munie sur le dos de 3-4 nervures; tantôt carrément tronquée, scutiforme, se terminant en pointe brusque assez longue, tantôt s'atténuant obliquement en pointe.

Utricule : roux, noir, glabre, strié, lagéniforme, atténué insensiblement en pointe, *sans bec*.

Graine : blanchâtre, pruineuse, trigone, à angles saillants, sessile, atténuée au sommet.

N° 1698. Mororan, 5 juillet 1898.

Espèce à aci s de *C. depauperata*.

Carex villosa, Boott.

Epis distincts, le supérieur mâle; 1 épi mâle; 2 épis femelles.

Racine traçante.

Chaumes glabres, grêles, très élevés.

Feuilles *velues*, moyennes, égales environ aux chaumes ; bractées moins longues que l'inflorescence.

Stigmates 3 (?)

Ecaille : totalement scarieuse, égale environ à l'utricule ; à nervure dorsale brune.

Utricule : d'un brun foncé, glabre, finement strié (24-25 stries), allongé piriforme ; à bec assez court (1/5 de longueur d'utricule), nettement bifide.

Graine : d'un gris sombre, glabre, lisse, trigone, à angles saillants, stipitée, en pointe tronquée au sommet.

N° 2831, Sapporo, 7 juillet 1898.

Espèce à faciès de la var. *hirtiformis* du C. hirta. Utricules du *C. depauperata*.

Carex macroglossa Franch. et Savat.

Epis distincts, supérieurs mâles ; 1 épi mâle court et maigre ; 2-3 épis femelles espacés, l'inférieur pédonculé, pauciflores (3-8 fleurs).

Racine fibreuse.

Chaumes glabres, grêles, médiocres.

Feuilles glabres, étroites, parfois moyennes, dépassant les chaumes ; bractées dépassant de beaucoup l'inflorescence.

Stigmates 3.

Ecaille : très scarieuse, assez large, égale au corps de l'utricule ; à nervure dorsale verdâtre.

Utricule : d'un vert noirâtre, glabre, très finement strié (20-24 stries), piriforme, à bec allongé entier.

Graine : d'un gris jaune, trigone, très chagrinée, longuement stipitée, en pointe tronquée au sommet.

Nos 1124, 2834. Fusiyama, 10 juin 1898 ; Matsushima, 30 juin 1899.

Espèce à faciès de *C. depauperata.*

Carex ischnostachya Steud.

Epis distincts, le supérieur mâle ; 1 épi mâle ; 4 épis femelles dont 2 embrassant l'épi mâle à la base et les autres écartés.

Racine fibreuse.

Chaumes glabres, robustes, médiocres, trigones.

Feuilles glabres, larges, égalant ou dépassant les chaumes ; bractées longuement *vaginantes*, foliacées, très larges, dépassant l'inflorescence.

Stigmates 3.

Ecaille : concolore avec l'utricule, assez large, atteignant à peine 1/5 du corps de l'utricule, sans nervure dorsale.

Utricule : noirâtre, glabre, fortement strié (environ 12 stries), piriforme ; à bec long, entier.

Graine : blanchâtre, chagrinée, trigone, longuement stipitée. en pointe courte, tronquée au sommet.

N° 1096. Matsushima, 30 juin 1897.

Espèce à faciès de la variété *muticum* du *Panicum crus-galli*.

Carex transversa Boott.

Epis distincts, le supérieur mâle ; 1 épi mâle ; 2-4 épis femelles écartés, les inférieurs parfois très distants et très pédonculés ; parfois 2-3 épis femelles rapprochés au sommet.

Racine fibreuse.

Chaumes glabres, grêles, élevés.

Feuilles glabres, étroites ou moyennes, moins longues ordinairement que les chaumes, les dépassant rarement ; bractées vaginantes, égalant ou dépassant l'inflorescence.

Stigmates 3.

Ecaille : de couleur paille ou noirâtre, très allongée, égalant environ l'utricule ; large à la base, longuement atténuée au sommet en une longue pointe égale à elle seule aux 2/3 de la longueur de l'écaille ; à nervure dorsale concolore.

Utricule : noir ou gris verdâtre, glabre, nettement strié (15-30 stries), trigone, à bec long, entier.

Graine : d'un gris perle ou terne, chagrinée, trigone, très petite, à faces très concaves, stipitée, en pointe tronquée au sommet.

N°s 1692, 1702, 2826. Shidzuska, 13 juin 1898 ; Nara, 18 juin 1898 ; Yokosuka, 8 mai 1899 ; île de Nippon, province d'Ibaraki, n° 4392, mai 1900 ; n°s 4396 et 4391, île de Shikoku, lieux herbeux ou fangeux près de Tokushima, juin 1900.

Carex tenuiformis Lévl. et Vnt. *sp. nov.*

Epis distincts, le supérieur mâle ; 1 épi mâle ; 1-2 épis femelles.

RACINE traçante.

CHAUMES glabres, grêles, médiocres.

FEUILLES glabres, étroites, plus courtes que les chaumes ; bractées vaginantes plus courtes que l'inflorescence.

STIGMATES 2.

ECAILLE : rousse, en losange, atteignant la 1/2 du bec, enveloppant l'utricule, atténuée en pointe ; à nervure dorsale concolore assez saillante.

UTRICULE : noirâtre, glabre, à 2 grosses côtes, lagéniforme ; à bec long, bifide, *serrulé.*

GRAINE : noirâtre, glabre, lisse, trigone, allongée, à peine stipitée, en pointe tronquée au sommet.

N° 2814. Rebunshiri.

Espèce à vague facies du *C. tenuis* dont elle diffère par son port et la disposition de ses épis. Elle s'écarte du *C. debilis* par ses utricules serrulés et du *C. stenantha* par ses utricules non stipités.

Diagnose latine.

Spicis distinctis, superiore mascula ; 1-2 femineis : radice repente ; culmis mediocribus ; foliis angustis, culmos non æquantibus ; bracteis vaginantibus, inflorescentia brevioribus ; stigmate duplici ; squama triangulari, ad medium utriculi rostrum pertingens, acuminata, cum nervo dorsali concolore et proeminente ; utriculo nigrescente, glabro, duabus costis conspicuis notato, lageniformi, ore producto, bifido et serrulato ; semine nigrescente, levi, trigono, producto, vix stipitato, ad apicem obtuse truncato.

Carex stenantha Franch. et Savat.

Epis distincts, le supérieur mâle ; 1 épi mâle plus large souvent au sommet ; 2-3 épis femelles très lâches, tantôt rapprochés au sommet, tantôt assez écartés et les inférieurs alors très pédonculés.

RACINE traçante.

CHAUMES glabres, grêles, médiocres.

FEUILLES glabres, étroites, plus courtes que les chaumes ; bractées légèrement vaginantes, plus courtes que l'inflorescence.

STIGMATES 3.

ECAILLE : rouge ou rousse, très variable, très allongée, étroite, ou scutiforme enveloppante, légèrement scarieuse aux bords, moins longue que l'utricule, parfois à 2-3 nervures ; à nervure dorsale blanchâtre ou verdâtre, acuminée.

UTRICULE : de couleur paille ou polychrome (marbré de noir, de blanc et de rouge ou jaunâtre à la base et pourpre au sommet), glabre, lisse ou très finement strié (20 stries), trigone, scabre, fusiforme, atténué en pointe aux deux extrémités, à faces parfois inégales, laissant quelquefois voir la graine par transparence ; à bec long, bifide.

GRAINE : d'un gris d'acier, blanchâtre ou rousse, glabre, trigone allongée, *lagéniforme*, parfois à vallécules et côtes, *tantôt sessile*, tantôt très stipitée, en pointe tronquée au sommet ; parfois rostriforme.

N°s 1706, 2804, 2835. Sommet du Ganju, 12 août 1898.

Espèce à faciès de *Deschampsia flexuosa*.

Il ne serait pas impossible que sous le nom de *C. stenantha* nous ayons groupé une autre forme nouvelle, (celle dont nous avons souligné les caractères de la graine), et qui méritera peut-être d'être distinguée quand nous serons mieux documentés.

Carex flava L.

Var. ŒDERI Ehrh.

Epis distincts, le supérieur mâle ; 1 épi mâle ; 2-5 épis femelles, parfois terminés en épi mâle.

RACINE fibreuse.

CHAUMES glabres, grêles, médiocres.

FEUILLES glabres, étroites, plus courtes que les chaumes ; bractées vaginantes, plus longues que l'inflorescence.

STIGMATES 3.

ECAILLE : rousse, à bords légèrement scarieux, plus courte que l'utricule dont elle atteint la base du bec ; à nervure dorsale verte.

Utricule : de couleur paille, glabre, fortement strié (environ 12 stries), trigone ailé ; à bec assez long, un peu bifide.

Graine : d'un blanc jaunâtre, glabre, lisse, trigone, stipitée, en pointe tronquée au sommet.

N° 1683. Tomakomai, 6 juillet 1898.

Carex botrychostigma Maxim.

Epis distincts, le supérieur mâle ; 1 épi mâle ; 5 épis femelles distants.

Racine traçante.

Chaumes, glabres, grêles, médiocres.

Feuilles glabres, étroites, plus courtes que les chaumes ; bractées vaginantes, plus courtes que l'inflorescence, à gaînes bordées de noir au sommet.

Stigmates 3.

Ecaille : égale environ au corps de l'utricule, composée de 3 parties : jaunâtre au centre, avec 3 raies rousses, pourpre latéralement, scarieuse laciniée aux bords.

Utricule : verdâtre, glabre, lisse, trigone ; à bec court, bifide.

Graine : grise, glabre, lisse, trigone, très allongée, stipitée, terminée au sommet par une sorte de membrane laciniée.

N° 2823. Sobosan, 26 juin 1899.

Espèce à faciès vague des *Festuca* de la section *Vulpia*.

Carex Makinoensis Franch.

Epis distincts, le supérieur mâle ; 1 épi mâle, noir, très allongé ; 2-3 épis femelles tous pédonculés et rapprochés de l'épi mâle.

Racine fibreuse, souche munie de fibrilles.

Chaumes glabres, grêles, élevés.

Feuilles glabres, étroites, dépassant les chaumes ; bractées assez longuement vaginantes, beaucoup plus courtes que l'inflorescence.

Stigmates ?

Ecaille : rousse, plus courte, mais plus large que l'utricule ; à nervure dorsale plus pâle, acuminée.

Utricule : blanchâtre, *velu*, strié (2-3 stries) ; à bec noirâtre. allongé, bifide.

Graine : de couleur paille, glabre, lisse, trigone, atténuée, stipitée, en pointe noirâtre et brusque au sommet.

N° 4388. Ile de Shikoku dans les rochers du mont Tsurugi, juin 1900. Mêlé à *C. chrysolepis*.

Carex Vanioti Lévl.

(In *Bull. Soc. d'Agric. Sc. et Arts de la Sarthe*).

Epis distincts, le supérieur mâle ; 1 épi mâle ; 4 épis femelles, dont l'un presque basilaire.

Racine traçante.

Chaumes glabres, très grêles, courts ou médiocres.

Feuilles glabres, moyennes, égalant environ les chaumes ; bractées dépassant l'inflorescence.

Stigmates ?

Ecaille : de couleur paille, élargi embrassante à la base, plus courte que l'utricule ; à nervure dorsale concolore, accentuée, acuminée.

Utricule : gris, glabre, finement strié (25-30 stries), trigone, brusquement contracté en bec entier, assez court.

Graine : d'un jaune crème, glabre, lisse, trigone, stipitée, contractée en pointe allongée au sommet.

N° 1701. Sommet du Ganju, 12 août 1898.

Espèce à faciès de *C. Halleriana* par son inflorescence et de *Milium effusum* par son port d'ensemble.

Le *C. Vanioti* voisin des *C. filipes*, *C. oligostachys* et *C. sparsinux* rappelle en outre le *C. parciflora* par son épi basilaire, caractéristique et normal chez le *C. Halleriana* et accidentel chez le *C. glauca*.

Diagnose latine.

Spicis distinctis, superiore mascula ; 4 femineis quarum altera fere basilaris ; radice repente ; culmis gracillimis, brevibus aut mediocribus ; foliis fere latis, culmos æquantibus aut superantibus ; bracteis inflorescentiam superantibus ; squama flava, ad basim lata et amplectente, utriculum non æquante ; cum nervo dorsali concolore, conspicuo et acuminato; utriculo griseo, glabro, tenuiter striato, trigono, in rostrum integrum et breve abrupte contracto, semine flavo-lacteo, levi, trigono, stipitato, in acumen productum ad apicem contracto.

Carex foliosissima Schm.

Epis distincts, le supérieur mâle ; 1 épi mâle ; 2-3 épis femelles espacés.

RACINE fibreuse.

CHAUMES glabres, grêles, courts.

FEUILLES glabres, moyennes, striées, dépassant beaucoup les chaumes ; bractées *vaginantes*, acuminées.

STIGMATES ?

ECAILLE : d'un jaune paille, plus courte que le corps de l'utricule ; à nervure dorsale, vague d'abord, puis s'accentuant et acuminée.

UTRICULE : fauve, glabre, finement strié (environ 10 stries), fusiforme ; à bec assez court, entier.

GRAINE : grise, trigone, glabre, très allongée, stipitée, subobtuse au sommet.

N° 2800. Kamitsuge, 13 mai 1899.

Espèce à faciès de *C. strigosa* nain.

Carex tenuissima Boot.

Epis distincts, le supérieur mâle ; 1 épi mâle très grêle ; 1 épi femelle grêle et pauciflore (3-4 fleurs).

RACINE traçante.

CHAUMES glabres, *capillaires*, courts.

FEUILLES glabres, *capillaires*, égales aux chaumes.

STIGMATES ?

ECAILLE : d'un jaune paille, égale à l'utricule, enveloppante ; à nervure dorsale roussâtre, acuminée.

UTRICULE : d'un jaune paille, glabre, vaguement strié, flasque, fusiforme, bossu sur le côté, en forme de chapeau de gendarme.

N° 1670. Jardin botanique de Tokiyo, 1er juin 1898 ; n° 4410, île de Kiushu au sommet du mont Schifusa, juin 1900. Espèce à faciès de *Nardus stricta*.

Carex pseudo-strigosa Lévl. et Vnt. *sp. nov.*

Epis distincts, le supérieur mâle ; 1 épi mâle allongé ; 2-3 épis femelles espacés.

RACINE traçante.

CHAUMES glabres, grêles, élevés.

FEUILLES glabres, étroites, moins longues que les chaumes ; bractées *vaginantes*, plus courtes que l'inflorescence ; gaines noirâtres à leur sommet.

STIGMATES ?

ECAILLE : d'un jaune pâle, orbiculaire, atteignant environ la 1/2 du bec de l'utricule ; à nervure dorsale pâle, acuminée.

UTRICULE : de couleur paille, glabre, fortement strié (15-16 stries), globuleux, en pointe à la base ; à bec long, entier.

GRAINE : blanche, glabre, lisse, trigone, stipitée, en pointe tronquée au sommet.

N° 2805. Yokosuka, 5 mai 1899 ; n° 4414 ; île de Kiushu, lieux herbeux près de Hitoyoshi, juin 1900.

Espèce à faciès de *C. strigosa.*

Diagnose latine.

Spicis distinctis, superiore mascula ; 2-3 femineis distantibus ; radice repente ; culmis gracilibus, altis ; foliis angustis, culmos non æquantibus ; bracteis vaginantibus, inflorescentia brevioribus ; vaginis ad apicem nigrescentibus ; squama flavescente, orbiculari, ad medium utriculi rostrum fere pertingens, cum nervo dorsali pallido, acuminato ; utriculo paleaceo, glabro, conspicue striato, globulari, ad basim attenuato, ore longo, integro ; semine albo, levi, trigono, stipitato, ad apicem obtuse truncato.

Carex peniculacea Lévl. et Vnt. *sp. nov.*

Epis distincts, le supérieur mâle ; 1 épi mâle assez grêle ; 2-3 épis femelles rapprochés, pédonculés, à utricules sur 8 rangs.

RACINE traçante.

CHAUMES glabres, grêles, élevés.

FEUILLES glabres, moyennes, moins longues que les chaumes ; bractées légèrement *vaginantes*, égalant ou dépassant l'inflorescence.

Stigmates ?

Ecaille : verdâtre, transparente, égale à l'utricule : à nervure dorsale verte, *mutique*.

Utricule : verdâtre ou roux, glabre, lisse, elliptique-globuleux ; à bec court, entier.

Graine : d'un roux blanchâtre, glabre, lisse, aplatie, lenticulaire, légèrement stipitée, en pointe tronquée au sommet.

N° 2740. Kamitsuge, 13 mai 1899.

Espèce à faciès général de *C. vulgaris* et à faciès particulier de *C. pseudo-cyperus* par son inflorescence.

Diagnose latine.

Spicis distinctis, superiore mascula ; 2-3 femineis approximatis, pedunculatis, octonis utriculis ; radice repente ; culmis gracilibus, altis ; foliis mediocribus, culmos non æquantibus ; bracteis vix vaginantibus, inflorescentiam æquantibus vel superantibus ; squama viridescente, lucida, utriculum æquante, cum nervo dorsali viridi, mutico ; utriculo viridescente vel rufo, glabro, levi, elliptico-globulari, ore brevi et integro ; semine rufescente, levi, compresso et lenticulari, breviter stipitato, ad apicem obtuse truncato.

Carex flabellata Lévl. et Vnt. *sp. nov.*

Epis distincts, le supérieur mâle ; 3 épis femelles, l'inférieur pédonculé.

Racine traçante.

Chaumes glabres, glauques, robustes, médiocres, trigones.

Feuilles glabres, glauques, larges, égales aux chaumes ; à nervure dorsale très accentuée, parfois jaune ; bractées légèrement *vaginantes*, égales à l'inflorescence.

Stigmates 3.

Ecaille : totalement blanchâtre scarieuse, moins large et plus courte que l'utricule ; à nervure dorsale *triple*, légèrement verdâtre, brusquement contractée en pointe.

Utricule : jaune, glabre, strié (5-6 stries), ovale arrondi, aplati ; à bec très court, entier.

N° 1073. Aomori, 17 juin 1897.

Espèce à facies assez vague de *C. pseudo-cyperus*.

Nous n'avons pu voir la graine dont une tache noire indiquait seulement la place.

Diagnose latine.

Spicis distinctis, superiore mascula ; 3 femineis, inferiore pedunculata; radice repente; culmis glaucis, robustis, trigonis ; foliis glaucis, latis, culmos æquantibus, dorso valde carinatis et interdum luteis ; bracteis vix vaginantibus, inflorescentiam æquantibus ; stigmate triplici ; squama integre hyalina, angustiore et breviore quam utriculus ; cum nervo dorsali, triplici, viridescente, abrupte acuminato ; utriculo flavo, glabro, striato, rotundato, compresso, ore brevissimo et integro.

Carex filipes Franch. et Sav.

Epis distincts, 1 épi mâle, grêle, fluet, court, juxtaposé à l'épi femelle supérieur et issu du même point ; 1-2 épis femelles très pauciflores, parfois uniflores, au plus 6-flores.

Racine fibreuse.

Chaumes glabres, très grêles, médiocres.

Feuilles glabres, étroites, plus courtes que les chaumes ; bractées brièvement vaginantes, plus longues que l'inflorescence.

Stigmates 3.

Ecaille : grisâtre, plus courte et plus étroite que l'utricule ; à nervure dorsale concolore, s'atténuant en pointe mousse.

Utricule : d'un gris fer, glabre, strié (16-18 stries), ovale, allongé, trigone, à bec long arrondi, entier.

Graine : d'un gris perle, glabre, lisse, stipitée, en pointe tronquée au sommet.

N° 4390. Ile de Shikoku, forêts au sommet du mont Tsurugi, juin 1900.

Espèce à faciès de *C. depauperata*.

Carex sharensis Franch.

Epis distincts, le supérieur mâle ; 1 épi mâle, grêle, très allongé ; 3 épis femelles, l'inférieur pédonculé.

Racine traçante.

Chaumes glabres, grêles, élevés.

Feuilles glabres, étroites, beaucoup plus longues que les chaumes ; bractées dépassant l'inflorescence.

Stigmates ?

Ecaille : d'un noir d'encre, moitié plus courte environ que l'utricule ; à nervure dorsale blanchâtre, terminée en pointe mousse.

Utricule : d'un jaune paille, glabre, strié (12-15 stries), ovale allongé ; à bec très court, entier.

Graine : rousse, glabre, lisse, trigone, sessile, en pointe allongée au sommet.

N° 1651. Tomakomai, 6 juillet 1898.

Espèce à faciès de *C. vulgaris.*

Carex curvicollis Franch. et Savat.

Epis distincts, le supérieur mâle ; 1 épi mâle ; 2-5 épis femelles rapprochés.

Racine traçante.

Chaumes glabres, grêles, médiocres.

Feuilles glabres, étroites, égales environ aux chaumes ; bractées ne dépassant pas l'inflorescence.

Stigmates 3.

Ecaille : rousse, très petite, atteignant à peine la 1/2 de l'utricule ; à nervure dorsale verte, acuminée.

Utricule : vert, glabre, lisse, fusiforme, trigone ; à bec très allongé, entier, plus long que le corps de l'utricule.

N° 1109. Hirosaki, 4 juin 1897.

Espèce à faciès de C. vulgaris d'aspect barbu.

Carex Japonica Thunb.

Epis distincts, supérieurs mâles ; 1 épi mâle allongé en queue de souris ; 3-4 épis femelles groupés ; parfois l'épi mâle femelle au milieu vers les 2/3 de sa hauteur.

Racine traçante.

Chaumes glabres, robustes, élevés, trigones.

Feuilles glabres, moyennes ou larges, dépassant les chaumes ; bractées larges, foliacées, *vaginantes* sur 3 cent. de long, dépassant longuement l'inflorescence.

Stigmates 3.

Ecaille : presque totalement scarieuse, étroite, égalant environ l'utricule ; à nervure dorsale jaunâtre ou verdâtre.

Utricule : d'un jaune verdâtre, glabre, profondément strié, surtout du sommet au milieu (les stries s'évanouissant à la partie inférieure), petit, trigone ; à bec court ou allongé, entier.

Graine : jaunâtre, trigone, stipitée, en pointe tronquée au sommet.

N°s 2822, 2839. Yokosuka, 5 mai 1899 ; Yamakita, 8 mai 1899.

Espèce à faciès de *C. pseudo-cyperus*.

Diagnose des formes rattachées par Franchet au Japonica

Epis distincts, le supérieur mâle ; 1 épi mâle, grêle, maigre ; 2-4 épis femelles espacés ou rapprochés, l'épi mâle se terminant parfois en épi femelle.

Racine traçante.

Chaumes glabres, grêles ou robustes, médiocres ou élevés, trigones.

Feuilles glabres, étroites ou moyennes, dépassant les chaumes, parfois assez longuement ; bractées dépassant l'inflorescence, excepté dans la var. *alopecuroides*.

Stigmates 3.

Ecaille : de couleur paille ou scarieuse, parfois laciniée, plus courte que l'utricule ; sans nervure dorsale apparente. parfois munie cependant d'une raie plus sombre sur le dos.

Utricule : verdâtre ou d'un jaune paille, glabre, strié (4-6 stries), piriforme, ovale ou arrondi en gourde, *ponctué*.

Graine : grise, trigone, stipitée, en pointe tronquée au sommet.

Aphanolepis Franch. et Sav. (*humilis* Franch. pro forma). — Ecaille très petite atteignant à peine la moitié de l'utricule ; utricule ponctué. N°s 1080, 1081. Asamayama, 20 juillet 1897 ; Sendaï, 9 juillet 1897. Faciès de *C. punctata*.

Trichostyles Franch. et Savat. (*gracilis* Franch. pro forma). — Stigmates allongés, fimbriés.

N°s 1078, 2840. Sendaï, 9 juillet 1897. Kamitsuge, 13 mai 1899. Faciès de *C. pallescens* à feuilles glabres.

Alopecuroidea Franch. (*C. Zollingeri* Kunze, *C. consocialis* Steud., *C. alopecuroides* Don, *C. Doniana* Spreng., *C. patens* Franch.). — Plante robuste à utricules gros, striés sur une face et à bractée inférieure largement foliacée plus courte que l'inflorescence. N° 2841. Riishiri, 27 juillet 1899. Faciès de *C. laevigata.*

Carex dispalata Boott.

Epis distincts, le supérieur mâle; 1 épi mâle très allongé; 3 épis femelles rapprochés, sessiles, excepté l'inférieur parfois distant et longuement pédonculé, parfois mâle, au sommet.

Racine fibreuse.

Chaumes glabres, robustes, très élevés, trigones.

Feuilles glabres, moyennes, moins longues que les chaumes. Varie à feuilles larges, dépassant les chaumes; bractées plus courtes que l'inflorescence.

Stigmates 3.

Ecaille : concolore avec l'utricule, striée, allongée, moins large que l'utricule; à nervure dorsale blanche bordée de roux latéralement.

Utricule : gris, jaune ou vert, glabre, strié, piriforme; à bec assez court, tronqué obliquement et rouge au sommet.

Graine : grise, trigone, stipitée, en pointe tronquée au sommet. N°s 1115, 2836. Matsushima 30 juillet 1897; Tottori 22 mai 1899

Espèces à faciès de *C. riparia.*

Carex Dickinsii Franch et Savat.

C. retrorsa Lehm.

Epis distincts, le supérieur mâle; 1-2 épis femelles, opposés s'ils sont deux, rapprochés de l'épi mâle.

Racine traçante.

Chaumes glabres, robustes, médiocres, trigones.

Feuilles velues surtout sur les gaines, moyennes, moins longues que les chaumes, bractées dépassant longuement l'inflorescence.

Stigmates 3.

Ecaille : concolore avec l'utricule, *striée, triangulaire*, égalant environ le corps de l'utricule.

Utricule : de couleur paille, glabre, nettement strié (10-12 stries), luisant, piriforme ; à bec très allongé, bifide et aussi long que l'utricule.

Graine : grise, petite, triangulaire, ailée, ridée, *munie au sommet de poils glanduleux*, en pointe allongée au sommet.

N°s 1103. Tourbières de Shirakawa.

Faciès absolument spécial.

Carex mollicula Boot.

Epis distincts, le supérieur mâle ; 1 épi mâle très petit sortant du milieu de 2-3 épis femelles gros, dont le sommet tend à dépasser l'épi mâle.

Racine traçante.

Chaumes glabres, grêles, courts.

Feuilles glabres, moyennes, dépassant les chaumes ; bractées largement foliacées, dépassant l'inflorescence.

Stigmates 3.

Ecaille : d'un jaune pâle, *striée*, petite, étroite, atteignant environ les 2[3 de l'utricule.

Utricule : roux, glabre, strié (environ 6 stries), piriforme ; à bec assez allongé, entier.

Graine : de couleur jaune pâle, glabre, lisse, trigone, stipitée, en pointe tronquée au sommet.

N° 1083. Aomori, 23 juillet 1897 ; n° 4394 ; île Shikoku, dans les forêts de Tsurugi, juin 1900.

Espèce à faciès de *C. flava.*

Carex Michauxiana Boeck

Epis distincts, le supérieur mâle ; 1 épi mâle ; 2 épis femelles, l'inférieur pédonculé.

Racine traçante.

Chaumes glabres, grêles, médiocres.

Feuilles glabres, étroites, égalant ou dépassant les chaumes; bractées longuement *vaginantes*, dépassant l'inflorescence.

Stigmates 3.

Ecaille : verdâtre au centre, rousse latéralement et surtout au sommet, aussi large environ que l'utricule, mais moitié moins longue ; à nervure dorsale verdâtre, accentuée, acuminée.

Utricule : vert, glabre, finement strié (30-35 stries), très grand, allongé fusiforme, atténué en bec très long, bifide.

Graine : blanche, devenant roussâtre à l'air, glabre, trigone, ne remplissant pas l'utricule, légèrement stipitée, en pointe allongée au sommet.

N° 1084. Aomori, 15 juin 1897.

Espèce à faciès de *C. cyperoides*.

Carex caulorrhiza Lévl. et Vnt. *sp. nov.*

Epis distincts, les supérieurs mâles ; 1-2 épis mâles, grêles ; 2-3 épis femelles, l'inférieur pédonculé.

Racine traçante, *velue*.

Chaumes glabres, glauques, grêles, élevés, trigones.

Feuilles glabres, étroites, *filamenteuses*, plus longues que les chaumes ; bractées plus courtes que l'inflorescence.

Stigmates ?

Ecaille : de couleur brûlée, très petite, obtuse, beaucoup plus étroite et plus courte que l'utricule ; à nervure dorsale jaunâtre.

Utricule : roussâtre, glabre, strié (7 à 8 stries, grosses et espacées), trigone ; à bec court, entier.

N° 2755. Riishiri, 25 juillet 1899.

Espèce à faciès de *C. filiformis*, à utricules glabres.

Diagnose latine

Spicis distinctis, superioribus 1-2 masculis ; 2-3 femineis inferiore pedunculata ; radice repente et villosa ; culmis glaucis, gracilibus, trigonis, altis ; foliis angustis, filamentosis, culmos superantibus ; bracteis inflorescentia brevioribus ; squama ustulata, minima, obtusa, multo angustiore et breviore quam utriculus, cum nervo dorsali flavescente ; utriculo rufescente, glabro, striato, trigono, ore brevi et integro.

Carex pseudo-vesicaria Lévl. et Vnt. *sp. nov.*

Epis distincts, les supérieurs mâles ; 1-2 épis mâles très grêles, très allongés, très pédonculés, d'un gris sale ; 3-4 épis femelles, courts, massifs, *tous sessiles*.

Racine fibreuse, chevelue.

Chaumes glabres, robustes, striés, subréticulés, élevés.

Feuilles glabres, larges, *noueuses*, striées-réticulées, plus longues que les chaumes ; bractée inférieure, quelquefois un peu vaginante, dépassant l'inflorescence.

Stigmates ?

Ecaille : peu visible, *beaucoup plus courte et plus étroite que l'utricule* ; à nervure dorsale verdâtre, à peine acuminée.

Utricule : olivâtre, gros, glabre, très strié (20-24 stries primaires et secondaires) ; à bec arrondi, allongé, bifide.

Graine : brune, glabre, lisse, ne remplissant pas l'utricule, sessile, un peu acuminée au sommet.

N° 4395. Ile de Shikoku dans les lieux marécageux, près de Tokushima, juin 1900.

Diagnose latine

Spicis distinctis, superioribus 1-2 masculis, gracillimis, longissimis et valde pedunculatis, sordide griseis : 3-4 femineis brevibus, solidis, cunctis sessilibus ; radice fibrosa, comosa ; culmis robustis, striato-subreticulatis, altis ; foliis latis, nodosis, striato-reticulatis, culmos superantibus ; bractea inferiore, interdum curte vaginante, inflorescentiam superante ; squama vix conspicua, olivacea, multo quam utriculus angustiore et breviore ; cum nervo dorsali viridescente, vix acuminato ; utriculo olivaceo, amplo glabro, valde et inæqualiter striato, ore rotundato producto et bifido ; semine brunneo, glabro, levi, utriculum non complente, sessile, ad apicem breviter acuminato.

Carex rhyncophysa C. A. Mey

Epis distincts, *les* supérieurs mâles ; 4 épis mâles allongés ; 1-3 épis femelles allongés.

Racine fibreuse.

Chaumes glabres, robustes, élevés.

Feuilles glabres, moyennes, dépassant les chaumes, bractées plus longues que l'inflorescence.

Stigmates 3.

Ecaille : rousse étroite, égale à l'utricule ; à nervure dorsale blanchâtre, se prolongeant en longue pointe.

Utricule : jaunâtre glabre, lisse, en forme de gourde, *renflé*, *vésiculeux*, luisant ; à bec assez long, bifide.

Graine de couleur paille, glabre, lisse, trigone, petite, ne remplissant pas l'utricule, stipitée, en pointe tronquée au sommet

N° 1704. Sapporo, 7 juillet 1898.

Espèce à faciès de *C. vesicaria*.

Carex Myabei Franch.

Epis distincts, les supérieurs mâles ; 2 épis mâles ; 3-4 épis femelles.

Racine traçante.

Chaumes glabres, grêles, médiocres, trigones.

Feuilles glabres, étroites, égalant les chaumes ; bractées plus courtes que l'inflorescence.

Stigmates 3.

Ecaille : un peu plus claire que l'utricule, aussi longue que lui, étroite, *striée*, insensiblt atténuée en pointe très allongée.

Utricule : d'un roux sombre, *velu hérissé* surtout sur les 2 côtes, piriforme ; à bec très long, nettement bifide.

Graine : d'un brun foncé, luisante, glabre, trigone, stipitée, en pointe tronquée au sommet.

Nos 1639, 2847. Mororan, 5 juillet 1898 ; Kamitsuge, 13 mai 1899. Espèce à faciès de *C. distans*.

Carex Pierotii Miq.

(C. suberea Boott.).

Epis distincts, *les* supérieurs mâles ; 2-3 épis mâles ; 1 épi femelle pauciflore (5-7 fleurs), écarté de l'épi mâle et naissant à l'aisselle d'une longue bractée dépassant l'épi mâle.

Racine traçante.

Chaumes glabres, grêles, médiocres.

Feuilles glabres, étroites, plus courtes que les chaumes ; bractées dépassant l'inflorescence.

Stigmates 3.

Ecaille : scarieuse sur les bords, *persistante*, assez large, atteignant un peu plus du tiers du corps de l'utricule ; à nervure dorsale blanchâtre, acuminée.

Utricule : roussâtre, glabre, strié (12-15 stries), lagéniforme; à bec court, entier, quelquefois fendu.

Graine : d'un gris ferrugineux, grosse, *papilleuse*, trigone, sessile, en pointe tronquée au sommet.

N° 2849. Nagasaki, 5 juin 1899.

Espèce à faciès de *C. depauperata*.

Carex songarica Karel et Kiril.

Epis distincts, *les* supérieurs mâles ; 1-2 épis mâles ; 2 épis femelles, assez espacés.

Racine traçante.

Chaumes glabres, grêles, élevés.

Feuilles glabres, moyennes, plus longues que les chaumes; bractées dépassant l'inflorescence.

Stigmates 3.

Ecaille : de couleur rouille, large, enveloppante ; à nervure. dorsale plus pâle.

Utricule : noirâtre, glabre, lisse, trigone ; à bec court, *recourbé*.

Graine : noire, glabre, lisse, trigone, stipitée, en pointe tronquée au sommet.

N° 1687. Sommet de l'Iide, 29 août 1898.

Espèce à faciès de *C. Hornschuchiana*.

Nous rapportons nos échantillons au *C. songarica* bien que quelque doute subsiste à cause de l'état maladif des utricules dévorés par un champignon.

CONSIDÉRATIONS GÉNÉRALES.

Ainsi donc, nous avons examiné dans ce travail 104 espèces Bien entendu nous prenons ce dernier mot dans son sens restreint d'espèces *naturalistes,* distinctes par des caractères qui nous paraissent suffisants et assez constants pour les distinguer au même titre que celles qui sont distinguées par les floristes (auteurs des flores) ; mais, un jour, nous comptons procéder à la révision de ces espèces, les rattacher aux stirpes spécifiques seuls véritables et seuls probablement ancestraux. Rechercher ces types et grouper les formes est la condition de la géographie botanique future. Ce travail de synthèse l'emporte sur celui d'analyse à outrance qui conduit à l'émiettement des groupes, et produit, en botanique, des inconvénients qui rappellent l'individualisme au point de vue social.

Nous croyons que les idées transformistes ont rendu de réels services en battant en brèche, avec succès, la théorie de l'immutabilité absolue des espèces, et en enseignant l'art de l'observation et de l'expérimentation dans tous ses détails, tant il est vrai qu'en tous systèmes il y a une part de vérité qu'il faut savoir dégager. Quant au reste le transformisme est radicalement impuissant à retracer l'histoire des espèces, parce que la question de l'espèce est avant tout une question historique qui suppose des documents qui, hélas ! nous manquent. Nous ne pouvons pas même suivre, à travers l'histoire, les origines des peuples ni les migrations de l'homme, être éminemment historique, comment aurions-nous la prétention d'expliquer l'origine des espèces végétales alors que du livre de la nature, nous manquent la plupart des pages et que, seule, la synthèse peut nous permettre de prétendre à quelques faibles rayons de vérité.

Quoi qu'il en soit, chez les *Carex* pas un caractère stable ne permet de les différencier nettement et absolument. Nombre des styles, nombre des épis mâles, présence ou absence des poils, caractères suffisants pour échafauder une clef toujours sujette à caution, ne sauraient être regardés comme des caractères de premier ordre. Il en est de même, croyons-nous, de la présence de gaines vaginantes ou non et de la dilatation du style à sa base. Ce dernier caractère n'est pas d'une vérification facile.

Ce qui frappe surtout chez les *Carex* du Japon, c'est, en premier lieu, l'*hétérogénéité* des épis. On y observe en effet presque toujours le mélange des sexes auxquels Franchet a, croyons-nous, attaché trop d'importance. Il l'avoue, d'ailleurs, lui-même au cours des dernières pages de ses *Carex de l'Asie orientale*, alors que, frappé au premier abord par ce caractère, il en avait fait la base d'une importante division des espèces. Sous ce rapport, les espèces françaises présentent, moins fréquemment toutefois, le même phénomène et, en attribuant à ce caractère la valeur d'un criterium spécifique, nous doublerions aisément le nombre de nos espèces.

En second lieu, les *Carex* du Japon, dont le nombre élevé est en rapport avec des conditions climatériques extrêmement favorables à leur développement, présentent très souvent des utricules stériles, quoique ceux-ci soient suffisamment développés et que leur récolte ait eu lieu en temps opportun. Ce phénomène relève-t-il de l'hybridité ? Nous hésitons à la faire intervenir ici, parce que l'on abuse trop facilement de ce *deus ex machina*, et que les hybrides sont difficilement reconnaissables en herbier.

Le jour où nous procéderons à la révision du genre *Carex* peut-être pourrons-nous élucider le problème à l'aide des matériaux accumulés et du groupement en stirpes nettement définis et délimités, stirpes que nous baserons bien plus sur l'aspect général résultant de l'ensemble des caractères, que sur des caractères contingents et toujours trompeurs.

Il ne nous reste plus qu'à donner un modeste essai de clef des *Carex* du Japon, clef répondant à l'état actuel de nos connaissances, qui aura besoin d'être longuement éprouvée par l'usage et sur laquelle nous appelons les critiques de ceux qui en useront pour que nous la rendions, si Dieu nous prête vie, moins imparfaite et plus docile aux mains des botanistes.

APPENDICE.

Au cours de l'impression de ce travail, nous avons reçu du R. P. Urbain Faurie un nouvel envoi de 37 pages. La plupart des espèces ou localités nouvelles ont pu être introduites à leur rang. Toutefois nous sommes obligés de reporter ici celles qui appartiennent aux premiers groupes déjà publiés au moment de l'envoi. Quelques-unes de ces espèces proviennent de Chine. Nous les désignons par un astérisque.

Carex grallatoria Maxim.

Echantillons mâles : Ile de Shikoku, lieux ombragés du sommet du Tsurugi, n° 4367, juin 1900. — Ile de Nippon, lieux ombragés dans les forêts de la région montagneuse près Ibaraki, n° 4364, mai 1900. *Stolonifère.*

Echantillons femelles : Ile de Shikoku, lieux ombragés dans les forêts du mont Tsurugi, n° 4366, juin 1900. Semble toujours rare, note le P. Faurie.

Ces échantillons se rapprochent mieux, pour la longueur de leurs épis, de la description de Franchet. *

* Carex siccata Dewey.

Epis unisexuels.

Chaumes glabres, assez robustes et assez élevés.

Feuilles glabres, scabres, étroites, moins longues que les chaumes.

Stigmates : 2 d'après Franchet.

Ecaille : d'un jaune paille, légèrement scarieuse au bord.

L'échantillon que nous avons sous les yeux est absolument stérile.

Nous ne pouvons donc décrire ni l'utricule, ni la graine.

N° 4659. Shanghai, ex herb. P. Heudes.

* Carex stenophylla Wahlb.

Epis androgynes, fleurs mâles au sommet.

Racine traçante.

Chaumes glabres, trigones, grêles, médiocres.

Feuilles glabres, très étroites, enroulées, courbées en faux, plus courtes que les chaumes.

Stigmates 2.

Ecaille : rousse, largement scarieuse au bord, enveloppant l'utricule ; à nervure dorsale verte, très étroite, acuminée.

Utricule : verdâtre, rougeâtre vers le bec, glabre, lenticulaire-trigone, légèrement bordé, lisse sur la face concave, légèrement strié sur la face convexe, assez longuement stipité ; à bec court, arrondi, entier.

N° 4660. Ex herb. P. Heudes.

L'utricule de cette espèce ressemble à celui du *C. muricata*, mais s'en distingue par sa base s'atténuant en pédicelle.

Carex lagopina Wahlb.

Epis androgynes ; fleurs mâles à la base.

Racine traçante.

Chaumes glabres, grêles, médiocres.

Feuilles glabres, étroites, plus courtes que les chaumes.

Stigmates 2.

Ecaille : rousse, légèrement scarieuse au bord, enveloppant l'utricule ; à nervure dorsale blanchâtre, acuminée.

Utricule : verdâtre, glabre, légèrement ridé, ovale allongé ; à bec assez court, bifide.

N° 1119. Asamayama, 20 juillet 1897. Noté rare par le P. Faurie, collecteur.

Carex satsumensis Fr. et Sav.

Ile de Shikoku sur les pentes du mont Tsurugi, n° 4369, juin 1900.

Carex brunnea Thunb.

Epis androgynes ; fleurs mâles au sommet ; 8-16 épis ternés à la base et solitaires dans les bractées supérieures.

Racine traçante, stolonifère.

Chaumes glabres, très grêles, élevés.

Feuilles glabres, scabres, étroites, moins longues que les chaumes, bractées inférieures longuement engainantes ; à partie foliacée longue ne dépassant pas l'inflorescence ; bractées médianes dépassant l'inflorescence, bractées supérieures réduites à la gaine.

Stigmates : 2 très longs (2 fois plus longs que l'utricule) donnant à l'épi un aspect chevelu.

Ecaille : d'un jaune paille, transparente, plus courte mais aussi large que l'utricule ; à nervure dorsale verdâtre, plus ou moins acuminée, parfois aristée.

Utricule : d'un gris fer à maturité, pubescent, strié (20 stries environ), ovale allongé, convexe sur une face et plan sur l'autre ; à bec assez long, bidenté.

Graine : noirâtre, bordée de vert, légèrement papilleuse, lisse, trigone, sessile, en pointe tronquée au sommet.

N° 4385. Ile de Yakushima, dans les ruisseaux au milieu des pierres, juillet 1900.

Carex maculata Boott.

Epis distincts, le supérieur mâle ; 1 épi mâle, très maigre, dépassé par les épis femelles qui lui sont juxtaposés ; 3-4 épis femelles, écartés, raides, plus ou moins pédonculés.

Racine fibreuse.

Chaumes glabres, grêles, très élevés.

Feuilles glabres, moyennes, égalant environ les chaumes ; bractées vaginantes, dépassant l'inflorescence.

Stigmates 3.

Ecaille : persistante, rougeâtre, plus étroite et plus courte que l'utricule ; à nervure dorsale triple, ferrugineuse, acuminée,

Utricule ; d'un roux ferrugineux, glabre, strié (8-10 stries), trigone, marqué entre les stries *de granulations saillantes* ; à bec très court.

Graine : d'un roux pâle, glabre, *lisse*, trigone, stipitée.

N° 1696. Tsu, 19 juin 1898.

Nous séparons cette forme de celle que nous avons appelée précédemment *acrogyna*. Cette dernière, représentée dans notre herbier par des échantillons imparfaits, nous semble se distinguer du *maculata* de Boott par son *épi mâle*, *parfois femelle au sommet*, ses *utricules* à bec plus allongé, plus finement strié et *ne présentant pas de granulations* distinctes.

D'ailleurs la diagnose que donne Franchet du *maculata* justifie la création de notre *acrogyna*. Elle diffère sensiblement de celle de Boott. Franchet, en effet, ne fait d'abord aucune allusion à la situation de l'épi mâle surpassé par les épis femelles et, en outre il représente la graine comme fortement ponctuée alors que nous l'avons vue lisse conformément à la figure qu'en donne Boott.

Il nous reste d'autres échantillons du Japon que, vu leur mauvais état, nous n'osons rapporter ni au *maculata*, ni à *l'acrogyna*.

INSTITUT DE BIBLIOGRAPHIE

IMPRIMERIE : LE MANS (SARTHE).

www.ingramcontent.com/pod-product-compliance
Ingram Content Group UK Ltd.
Pitfield, Milton Keynes, MK11 3LW, UK
UKHW020350180726
13839UKWH00003B/1007